기후변화협약에 관한 불편한 이야기

이 도서의 국립중앙도서관 출판예정도서목록(CIP)은 서지정보유통지원시스템 홈페이지(http://seoji.nl.go.kr)
와 국가자료공동목록시스템(http://www.nl.go.kr/kolisnet)에서 이용하실 수 있습니다.
(CIP제어번호 : CIP2014021054)

기후변화협약에 관한 불편한 이야기

가라앉는 교토의정서, 휴지가 된 탄소배출권

| 노종환 지음 |

An Inconvenient Story about UNFCCC

한울
아카데미

차례

추천의 글

강희정(건국대학교 산업공학과 교수)

최근의 일이다. 기후변화와 관련된 한 모임에서 평소 친분이 있는 외국의 인사들과 자연스러운 분위기 속에서 앞으로 세계 기후변화 체제가 어떻게 전개될 것인가에 대해 이야기를 나눈 바 있다. 모두들 자신의 의견에 나름대로의 이유를 덧붙이면서. 시간이 지날수록 분위기는 진지해졌지만 모두가 공감할 수 있는 결론은 거의 없었다. 개인별로, 자신이 속해있는 국가별로 의견은 매우 다양했다. 그러나 한 가지 사항에 대해서는 모두들 의견을 같이했다. 기후변화 문제가 최근 들어 국가의 핵심 정책 어젠다에서 점차 밀려나고 있다는 느낌을 받는다는 것이다.

2014년 6월 미국 연방 대법원은 환경보호청(Environmental Protection Agency: EPA)에서 시행한 이산화탄소와 같은 온실가스의 규제는 다른 오염물질 규제와 마찬가지로 합당하다고 판결했다. 이는 주로 발전사들로 구성된 이익단체에서 EPA의 규제가 과도하다며 법원에 제소한 데 따른 것이다. 2년 전 텍사스 주 등 일부 주정부와 산업계가 지구온난화의 원인이 불명확하다고 주장하면서 EPA가 자의적으로 온실가스 규제 조치를 마련하였다는 이유로 제소한 데 대해 연방 항소법원이 온실가스 규제 조치가 자의적이지 않으며 합리적이라고 판결한 것에 이어 나온 것이다. 이번 미국 대법원의 결정으로 온실가스 감축에 대한 규제는 정당한 것으로 인정받고 더 무게가 실릴 모양이다.

20여 년 넘게 지속된 기후변화협약의 진행은 지지부진하다. 특히 제1기 교토체제를 막 지나온 지금, 앞으로의 협약이 어떠한 방향으로 가닥을 잡을지 궁금하다. 자국 내의 온실가스 감축을 위해서, 나름대로 자발적인 노력을 하겠지만 국제적인 협약의 틀 속에서 의무감축을 받아들이는 건 부담스럽다는 것이 요즘의 대체적인 분위기다. 속내는 뻔하다.

이러한 분위기 속에서 국내에서는 2015년부터 시행 예정인 배출권거래제로 정부와 산업계 간의 논쟁이 한참이다. 핵심은 주로 산업계가 제기하고 있는 배출권거래제의 실효성 여부에 초점이 맞추어진다. 즉, 산업경쟁력 저하 문제는 어떻게 할 것인가, 남들은 하지 않는데 왜 우리만 하는가, 할당량 기준이 적절한가 등이 문제이다. 물론 배출권거래제에는 긍정적인 면과 부정적인 면이 혼재한다. 문제는 그 배출권거래제가 현재 우리가 처해 있는 현실을 얼마만큼 수용하고 반영하는가에 있을 것이다.

때맞추어 출간되는 『기후변화협약에 관한 불편한 이야기』는 이러한 현실적인 우려사항에 대해 배출권거래제가 갖고 있는 본질적이고 태생적인 한계점을 하나하나 짚어가면서 냉철한 분석을 제시하고 있다. 그동안 배출권거래제에 대한 수많은 학술적인 논문과 보고서가 발표되었다. 그러나 실제 국내 유일의 탄소시장 관련 기업에서 축적한 경험을 바탕으로 논문과 보고서에서는 다루지 못한 정서적인 측면까지 더해 이를 다룬 매체는 이 책이 처음인 것 같다. 그런 만큼 이 책은 시장에서 바라보는 배출권거래제에 무게를 두고 있으며, 더 본질적이고 포괄적인 이해를 구하고자 노력한 결과물이다. 저자도 밝혔듯이 '지구가 더워지는 것을 제대로 걱정하는 자세에 대해

다시 한 번 깊이 생각해보는 계기'가 독자들에게 제공될 것으로 본다.

독자들은 이 책을 통해 배출권거래제뿐 아니라 그동안 국제 기후변화협약이 어떻게 진행되어왔는지, 여러 에피소드를 곁들인 이면적인 내용까지 이해할 수 있다. 많은 에피소드가 소개되고 있는데 기후변화협약의 웬만한 내용을 이해하고 있는 나로서도 매우 재미있고 흥미로웠다. 1995년에 시작해서 지금까지 거의 모든 기후변화 당사국총회에 참여한 국내 인사는 아마 저자가 유일하지 않을까 싶다. 기후변화협약을 정확하게 이해하기를 원하는 독자라면 꼭 읽어보시기 바란다.

국내에서 시행될 배출권거래제의 득실이 무엇일지, 앞으로 기후변화협약이 어떠한 방향으로 진행될지 정확하게 예측하기는 어렵다. 한 걸음 한 걸음 나아가기는 할 것이지만. 기후변화협약, 온실가스 감축, 배출권거래제 등의 주제에 대한 과거의 경험과 노력을 이해하고 미래를 바라보는 시각을 넓히는 데 이 책이 많은 도움을 줄 것으로 확신한다.

세상은 과연 좋아지고 있을까?

우석훈(영화기획자, 경제학 박사)

1.

조지 루카스George Lucas가 〈스타워즈Star Wars〉 판권을 디즈니에 팔 때,
많은 사람들이 충격을 받았을 것 같다. 그리고 이제 〈스타워즈〉 에피소드는
7편부터 다시 시작된다. 초등학교 때 처음 〈스타워즈〉가 나왔는데, 3편이자
전체 여섯 개의 시리즈를 완결하는 〈시스의 복수〉는 2005년에 나왔다. 그 3
편의 메이킹 필름에 조지 루카스의 긴 인터뷰가 들어 있다. 자신이 처음 시
작할 때에는 스튜디오, 요즘 우리 식으로는 투자사의 횡포에 맞서기 위해서
이 영화를 시작했다는 것이다. 이야기 순서상으로는 4편이지만, 실제로는
시리즈의 첫 편인 〈새로운 희망〉은 정말 인디영화처럼 만들어졌다. 후반 전
투 신 중 일부는 조지 루카스의 주차장 근처에서 찍었다고 알려져 있다. 돈
도 없고 특수효과도 형편없었는데, 이 기괴한 제작 방식이 이 정도로 성공을
거둘 줄은 아무도 몰랐을 것이다. 그리고 그 시리즈가 완결되어 갈 즈음, 이
제는 자신이 그 시절의 거대 스튜디오와 같은 권력이 되어버렸다는 것을 문
득 깨달았다고 조지 루카스가 말하는 걸 들을 때, 난 가슴 한 구석이 시린 듯

했다.

돈도 많이 벌고 성공한 조지 루카스는 평생을, 우리 식으로 얘기하면 운동권 마인드로 살았다. 〈스타워즈〉 시리즈를 꼭 만들고 싶었던 이유 중 하나가 닉슨 대통령 당선에 의한 보수로의 회귀였다고 하니…… 음산한 제국은 닉슨 이후의 미국 보수주의자들의 모습을 은유적으로 나타낸 것이라고도 할 수 있다.

그런 그의 〈스타워즈〉 여섯 편을 관통하는 악의 상징, 다스베이더에서 자신의 모습을 보고, 노년의 자신 안에서 다스베이더를 발견했으니 그 얼마나 애잔한가. 어쨌든 그가 평생을 거쳐 만든 조지 루카스 사단을 디즈니에 팔면서 생긴 돈을 기부하겠다고 하고, 실제로 불우 청소년 단체 등 여러 단체에 기부하는 것을 보면서 신선함과 함께 슬픔이 느껴졌다. 〈스타워즈〉의 기록적 성공이 아니었다면, 어쩌면 참신하고 기발한 영화를 더 많이 만들 수 있었던 젊은 감독 한 사람의 인생이 이렇게 지나갔다니…….

〈스타워즈〉를 1편부터 6편까지 차분히 보고 나면 6편 〈제다이의 귀환〉에 나오는 은하계 규모의 대축제가 더욱 기쁘고 유쾌해진다. 우리가 살면서 그런 완벽한 해방의 기쁨을 느낄 순간이 있을까 싶을 정도이다. 가끔 나는 한국을 생각하면서, 현재 우리는 전체 에피소드에서 어디쯤에 있을까, 그런 생각을 하는 버릇이 있다. 이 시리즈에서 예술적으로 가장 성공한 작품은 5편 〈제국의 역습〉이다. 여기에 〈심슨 가족The Simpsons〉이나 〈오스틴 파워Austin Powers〉 등 어지간한 코미디 패러디에 한 번쯤 등장하는 바로 그 대사, "I'm your father"가 나온다. 다스베이더와 루크 스카이워커가 사실은 부자 지간이라는 것이 알려지는 순간, 정상적으로 스토리를 쫓아온 사람이라면 머리가 '둥' 하는 느낌을 받았을 것이다. 촬영 때에는 그 신을 찍기 바로 전에 대사를 알려주었다고. 그래서 배우들도 엄청난 충격에 휩싸였다고 한다.

우리가 만약 〈스타워즈〉 5편의 마지막, "내가 니 애비다" 하는 순간에 있다면, 현실은 괴롭지만 조금만 더 참으면 된다. 이제 시리즈의 해피엔딩까지는 2시간 남짓만 남았다. 비록 젊은 제다이 루크 스카이워커는 자기 아버지에게 팔 한쪽이 잘렸고, 또 다른 주인공 한 솔로는 액체 질소에 산 채로 냉동 박제가 되고, 나머지 주인공들도 우주 여기저기로 뿔뿔이 흩어졌지만, 이제 곧 해방이 날이 오리니!

그러나 만약 우리가 지금 〈스타워즈〉 에피소드 2편이나 3편에 있다면? 예상치도 못한 곳에서 시즈의 역습이 시작되어 현재 공화국은 곧 제국으로 바뀔 것이다. 그리고 우리의 주인공 아나킨 스카이워커는 이제 곧 다스베이더로 변할 것이다. 다시 새로운 전환이 생기기 위해서는 이제 막 태어나서 우주의 서로 다른 끝으로 흩어진 쌍둥이 남매가 훌륭하게 자라나야 하고, 다시 그들이 극적으로 만나야 비로소 4편의 첫 장면에 서게 될 것이다.

2.

지구 생태라는 관점에서만 본다면, 1992년에 우리는 당시가 〈스타워즈〉의 새로운 에피소드가 시작되는 4편 정도라고 생각한 것 같다. 세계 정상이 브라질 리우에 모였고, 그때의 결의로 21세기를 모두의 힘으로 열기 위한 의제 21Agenda 21과 함께 UN 틀 내에서 기후변화협약이 출발하게 되었다. 1997년 앨 고어의 영웅적 활약 위에 교토에서 새로운 합의가 나왔을 때, 비록 느리긴 하지만 이제 세상은 조금은 더 좋아질 것이라고 희망했던 사람들이 많았을 것이다.

마침 한국에는 바로 이 시기에 터진 IMF 경제위기와 함께 새로운 정권이 들어섰다. 오 예! 이제 많은 것이 좋아질 것임은 분명하고, 비록 모두가 만족할 만큼 충분히 빠른 속도는 아니더라도, 좋아질 것이 분명하다고 볼 만한 증거는 충분히 많았다.

이러한 흐름 속에서, 정부에서는 기후변화협약 문제를 전담으로 다룰 일종의 태스크포스 같은 것을 준비하고 있었다. IMF 경제위기 내에서 정부 조직을 더 늘리기는 곤란한 상황이라서, 정부 외곽에 뭔가 하나를 만들기로 했다. 그 시절 나는 현대그룹 내에 있었는데, 연구원 위치에서 현대건설 기획실 혹은 마침 그때 특수집단으로 떠오르던 기후변화기획단을 놓고 새로운 출발을 위해서 조용히 숨을 고르던 중이었다. 그때 기획단 단장이 바로 노종환이었고, 나는 이 새로운 집단의 팀장으로 자리를 옮기게 되었다. 그때부터 몇 년간 나는 국제협상 한가운데에 들어가 있었고, 나중에는 결국 총리실로 자리를 옮겨 전체를 조율하는 일들을 조금 했다.

지금 와서 생각해보면, 그때가 내 인생에서 외형적으로는 가장 화려한 순간이기도 했다. 영원히 계속될 것 같은 그 화려함을, 나는 노무현 정부의 출범과 함께 내려놓았다. 몇 년간을 단장과 팀장으로 일하던 관계가 해소되었고, 나는 다시 내 이름을 걸고 글을 쓰고 연구를 하는 생활인으로 돌아왔다.

몇 가지 이유가 있었는데, 기후변화협약이라는 그 화려한 협상과 정책 속에서 삶의 보람을 느낄 수 없었다는 게 제일 큰 이유였을 것이다. 별로 세상은 좋아지지 않을 것인데, 그래도 내가 세상을, 아니 인류를 위해서 뭔가 하고 있다는 그 이중적인 허영을 나는 더 이상 감당하지 못할 것 같았다.

내 인생에서 유일하게 선거를 치렀던 것이 그 시절, UN의 기후변화협상장에서였다. 아시아 대표로 출마를 한 일, 중국 대표와의 살 떨리는 선거 과정, 그런 기억은 오래갈 것 같다. 그러나 그때 내가 박사과정에서 전공했던, 그래서 나를 박사로 만들어준 이 주제를 평생 붙잡고 있다고 해서 행복하지도 않고, 영광스럽지도 않을 것이라는 생각을 하고 있었다.

그렇게 내가 에너지관리공단에 사직서를 낸 이후에도 UN 내에 공적인 타이틀이 있어서, 후임자에게 내 자리를 넘기기까지 몇 번은 더 협상에 나갔었다. 그리고 그 이후로는 기후변화협약에 관한 얘기를 하지도, 글을 쓰지도 않았다. 자꾸 지나온 자리에 대해서 얘기하는 게 전관예우나 바라는 것 같은 느낌이 들기도 했고, 기왕 얘기를 해야 하는 상황이 오면 대충 형식적인 얘기만 하고 싶지도 않았다.

3.

정권이 바뀐 다음에 예전의 동료들이 새로운 정권에 참여하면서 자신의 젊은 시절의 신념과 다른 얘기를 하는 걸 보는 것은, 사실 편한 일은 아니다. 한때 일주일이 멀다고 같이 술 마시러 다녔던 동료가, 장관이 되면서 4대강에 적극적으로 찬성하고 고위직이 되는 것을 보는 게, 정말 속 편한 일은 아니었다. 권력과 양심. 뭐가 더 중요할까? 가끔 생각해보게 된다.

환경이나 에너지 쪽은 새로운 가치를 지향하는 분야이기 때문에, 굳이 정치적 지향을 따지면 대부분의 나라에서 진보 쪽이 주축이 되어 있다. 부시 때 보수 쪽의 주요 싱크탱크 그룹들은 기후변화 문제가 과학적으로 불확실한 것이라는 걸 입증하는 데 많은 노력을 했고, 원자력이 미래의 대안이라는 것을 강조하는 데 많은 힘을 썼다. 외국에서는 기후변화와 관련된 얘기를 적극적으로 받아들이는 것 자체가 녹색당에 버금갈 만한 진보적 입장이라는 것을 의미한다. 물론 독일의 메르켈 같은 경우는 탈핵까지 보수 의제로 받았으니 좀 특수한 경우다.

한국에서는 이게 지형이 좀 다르다. 가장 열성적으로 기후변화협약과 관련된 활동을 하던 젊은 연구자나 전문가 중에 의외로 새누리당 계열 사람들이 많다. 이회성 원장이라는, 한국이 낳은 걸출한 에너지 전문가의 존재와 무관하지는 않다고 할 수 있다. 국제 에너지경제학회 학회장을 역임했고 현재 기후변화에 관한 정부 간 패널(IPCC) 부의장을 맡고 있는 이회성 원장은 한국이 배출한 대표적 에너지경제 분야의 학자라고 할 수 있다. 그는 에너지경제연구원 원장도 했는데, 그런 이유로 우리는 그를 여전히 원장님이라고 부른다.

이건 정말 우연하고도 공교로운 일인데, 그의 형이 한때는 대쪽 총리로 불린, 영원한 대통령 후보 이회창이다. 그런 이유로, 다른 분야 같으면 진보성향으로 분류될 만한 많은 전문가들이 자연스럽게 '창파'가 되었고, 대선 등 주요 선거에서는 새누리당 계열의 자문을 해주는 일이 종종 벌어졌다.

MB가 당선 이후 '저탄소 녹색성장'이라는 독특한 개념을 제시하고, 다른 나라보다 먼저 대한민국이 온실가스 자체 감축안을 국제적으로 선언한 것이 이런 배경과는 무관하지 않다. 지난 10년간을 놓고 그냥 객관적으로만 보면, 새누리당 주변에는 에너지나 온실가스 전문가들이 많이 있다. 지금의 새정치민주연합, 예전의 민주당 근처에는 이 분야의 전문가가 거의 없다. 노무현 정부 인수위 등에 자문했던 사람이 바로 직전 선거에서 이회창 특보 중 한 명일 정도로, 정말 아무도 없었다.

전문가 몇 명이 더 있는 것과 아닌 것 사이에 그렇게 차이가 있느냐? 사실 이 바닥이 좁고, '선수'라고 해봐야 정말 손에 꼽을 정도다. 다 서로 너무 뻔하게 아는 처지인데, 그중에 고급 정보가 조금 더 흘러가는 것과 아닌 것 사이에는 선거 공약은 물론이고 이후의 인수위 등을 거쳐 정책화되는 흐름에서 큰 차이가 생긴다.

요즘 재생가능에너지라고 부르는, 대체에너지 분야는 조금 다르다. YS부터 꼽아본다면, DJ는 그런 새로운 종류의 에너지에 관심이 가장 많았던 대통령이라고 할 수 있다. MB는 '녹색성장'이라는 이름에 나름대로 애착이 있었던 것 같고, 지금 대통령인 박근혜는, 뭐 어쨌든 아직까지는 기술적이고 실무적인 내용에는 별 관심이 없는 것 같다.

이런 큰 맥락에서 보면, 클린턴, 부시, 오바마로 오는 민주당과 공화당의 기후변화에 대한 입장 차이와, 새누리당과 민주당 사이의 입장 차이가 기계적으로 일치하지는 않는다. 이 시점에 와서, 창파가 문제였다거나 새누리당 쪽으로 너무 줄을 많이 섰다는 얘기를 하고 싶지는 않다. 다만 젊은 학자들이나 전문가들이 진보 쪽 혹은 최소한 민주당 쪽에 자문을 할 수 있는 분위기가 만들어지지 못한 점은 있었다.

4.

기후변화협약을 둘러싼 몇 가지 흐름 중에서, 한국은 MB 시대를 거치면서 이제 완전히 변종으로 자리를 잡게 되었다고 할 수 있다. MB의 녹색성장은 원자력 정책에서 가장 큰 의미를 갖는다. 물론 원자력이 아닌 다른 청정기술의 개발과 확산 같은 개념을 가지고 갈 수 있는 가능성도 여러 가지 있었지만, 원자력의 산업화와 수출주력군화, 여기에 MB가 꽂혔다.

온실가스 얘기를 하다가 결국 원자력으로 결론을 내게 된 사람이 MB만은 아니다. 지구생태 문제에서 가장 대표적으로 성공한 책이 제임스 러브록James Lovelock의 『가이아Gaia』일 것이다. 이 논쟁 과정에서 칼 세이건Carl Sagan의 전 부인이었던 린 마굴리스Lynn Margulis 여사의 새로운 생물학 논의가 튀어나오기도 했다. 이는 20세기를 대표할 과학 논쟁의 하나로 남을 것이다. 바로 그 제임스 러브록이 도달한 결론이, 결국에는 원자력 외에는 답이 없다는 것이었다.

1997년 교토에 사람들이 모이기 전, 기후변화협약은 전 세계적인 에너지 절약 프로그램과 비슷했다. 초기에 '에너지 맨'들이 주도하던 이 협약에 1997년을 경계로 조림이 붙었고 그 틈바구니로 원자력이 끼어들어 왔다. 그렇게 복잡해진 이 시스템을 국제적으로는 '메커니즘'이라고 불렀고, 배출권 거래제를 비롯한 수많은 메커니즘이 결합되면서 이제 일반인들이 이해할 수 있는 범위를 넘어서게 되었다. 회의장 밖에서 사람들이 보는 건 이제, "하겠다는 거냐, 말겠다는 거냐"라는 하나의 문장밖에 남지 않은 듯하다. 그 와중에도 논의는 한없이 복잡해졌다. 온실가스 감축실적을 위해서 원래에도 외국에서 하려고 했던 사업을 활용하고, 자국에서의 감축은 원자력을 최대한 활용한다. 이런 흐름이 자리를 잡았다.

대표적인 나라가 한국이다. 녹색성장을 정부가 공식적으로 내건 이후에, 탈핵은 반(反)정부 집회의 촛불세력이나 밀양의 선동꾼들이 내거는 구호로 몰리게 되었다. 수십 기의 원자로를 증설하는 것으로 정부의 방향은 굳건히 잡혔고, 밀양의 송전탑에 회의적인 시각을 보내는 것은, 과학은 하나도 모르는 인문주의자들의 정부 트집 잡기 같은 것으로 간주된다.

1992년 리우회의 이후, 기후변화협약이 실제로 한국에 미친 가장 유효하고 영향력 있는 의미는, 결국 원자력의 위치를 공고하게 한 것과 다름없었다. 나머지는? 금액이나 규모로 얘기한다면, 장식품에 가깝다.

국내 차가 '뻥연비'라고 많은 사람들이 지적한다. 얼마 전부터 경차인 모닝을 타기 시작했는데, 트립 컴퓨터에 찍힌 연비가 10을 넘기기가 어렵다. 다른 차들은 실제로 운행하면 더하다고 아우성이다. 국가나 기업이나, 심지어는 지자체도 거창하게 기후변화협약이라는 말을 하지만, 리터당 10킬로미터를 넘기기 어려운 경차의 연비가 그냥 우리의 현실이라고 생각한다. 그에 비하여 원자력 분야의 정책은 어떤가?

전기차가 본격적으로 시판되려 하고, 연료전지의 변형인 수소차도 국내 보급을 앞두고 있다. 부시 시절에 하이브리드를 건너뛰고 넘어가자고 했던 게 바로 이 수소차인데, 이게 대표적인 원자력 산업이다. 수소는 전기 분해로 얻게 되는데, 이걸 대중적으로 운용하기 위해서 필요한 것은 어쩔 수 없이 더 많은 원전이다. 독일처럼 탈핵과 함께 재생가능에너지의 전면보급 없이 진행되는 전기차 개발 역시, 별 수 없이 원전전략의 일환이다. 어떻게든 사람들이 더 많이 전기를 쓰게 하면, 정서적으로나 문화적으로 원자력 반대에서 현실적으로 밀려갈 수밖에 없게 되어 있다.

자, 우리는 어디로 가고 있는가? 세상은 조금이라도 나은 방향으로 가고 있는가? 나아지고 있다는 증거를 찾기가 거의 어렵다. 내가 처음 시작할 때에 비하면, 국내에 기후변화협약 전문가도 늘었고, 관련된 연구원도 많아졌으며 사람들도 용어에 조금은 더 익숙했다. 그런데 세상은 좋아지고 있는가?

5.
노종환 단장의 이 책은 당사국 총회라는 회의적(會議的) 접근에 대한 회의(懷疑)의 작은 출발점 같은 것이 될 것이다. 1990년대 이후, 우리는 기후변화협약과 함께 늘 좋아질 세상의 미래에 대해서만 얘기했다. 그러나 협상이 천천히 진행되는 것과는 별도로, 과연 현실에서 이런 것들이 역작용을 하지 않았나, 오히려 나쁜 것을 더욱 나쁘게 하지 않았나, 그런 생각을 한번쯤은 다시 해봐야 할 순간이 되었다.

촛불집회로 일단 한숨 죽어서 4대강사업으로 전환되기는 했지만, 한때 청계천 복원에 이어서 한반도 대운하가 우리 논의의 한가운데 있던 적이 있었다. 이때 대운하 사업의 명분 중 하나도 기후변화협약 대책이었다. 배와 트럭의 온실가스를 비교한 것인데, 원칙대로 하자면 배는 마찬가지로 집단 운송수단인 기차와 비교하는 게 맞다. 힘이 있는 사람은, 자료와 전문가를 독점하면서 세상 모든 일들을 다 온실가스 대책으로 둔갑시킬 수 있다. '베이스라인'이라고 불리는 비교기준점 혹은 기준년도 같은 것만 적절하게 조작하면, 하다못해 숨 쉬는 행위 하나하나 전부 다 반(反)환경적인 것이 되기도 하고, 정반대로 온실가스 대책이 되기도 한다. WTO(세계무역기구) 가입 이후 한국의 고위 경제관료들은 근본적으로 반(反)농업주의자라고 보면 거의 틀림이 없다. 천천히 농민들이 늙어가서 언젠가 한국에 농민이 없어지는 상황. 그게 그들이 바라는 진짜 우리의 미래다. 그러면 FTA(자유무역협정)나 TPP(환태평양경제동반자협정) 같은 거 가입한다고 할 때 반대하는 농민들도 줄어들고 협상도 훨씬 간편해진다. '건답직파'라는 농법은 그런 점에서 특히 경제관료들에게 인기가 좋았다. 마른 땅에다 직접 볍씨를 뿌리면 논처럼 복잡하지가 않으니까 기계화도 쉽고 대규모화에도 유리하다. 결국에는 대규모 농업으로 가게 하면서 전체적으로 농민 숫자를 줄이는 효과가 있다. 미국처럼 헬기가 농약 뿌리는 일을 하기 위해서는 논을 버리고 건답직파로 가야 한다. 이게 한국 실정에 맞거나 아니거나, 어쨌든 농민 숫자는 줄게 된다. 아니, 우리가 논농사를 그만둔다고? 이게 좀 어처구니없어 보이긴 한데, 이 정책도 온실가스 대책으로 포장되어 있다. 밭에서 직접 쌀을 재배하면 논에서 발생하는 메탄을 줄일 수 있기 때문이다. 그렇지만 이건 어차피 온실가스와 상관없이 자기들이 하고 싶었던 일인데, 이런 것도 기후변화 대책이라고 하는 게 맞을까? 이런 일은 비일비재하다. 아니, 오히려 그렇지 않은, 이런 건 정말 해야 한다고 하는 일을 하는 걸 별로 보기 어려운 것이 현실이다.

그러면 정권이 바뀌면 좀 좋아질 것인가? 별로 그런 생각이 들지도 않는다. 산적한 현안에 비하면 이렇게 환경문제의 한구석에서 벌어지는 얘기들이 대선 공약으로 갈 가능성도 별로 없고, 그걸 관심 가지고 풀려고 하는 정치인도 거의 보이지 않는다. 그렇다고 해서 정말 아무도 관심을 가지지 않는다면? 정말 일부 관리와 전문가들의 놀이터처럼 바뀐 특수 영역에서, 원자력을 늘리는 것만이 우리의 미래이며 이게 온실가스 대책으로도 '직빵'이라는 되도 않는 결정들이, 무슨무슨 위원회니 하는 권위를 잔뜩 달고 한국 전체의 결정으로 둔갑하게 된다. 후쿠시마는 일본 일일 뿐이라는 폐쇄적인 전문가들 손에 우리의 미래를 맡겨놓았다가는 언제 후회하게 될지 모른다.

IMF 경제위기 때 정책 담당자가 사법적 책임을 지는 상황에 가장 근접하게 갔었다. 그러나 그때도 실제 사법 처리까지 가는 데에는 실패했다. 그 후에는 어떤 잘못된 정책이 시행되더라도 대한민국에서 의사결정자가 처벌을 받게 하는 일은 곤란하게 되었다. 대운하에서 세월호까지, 실제 문제를 만들어낸 사람들이 처벌받지 않는 것은 물론이고, 이미 순환보직으로 옮겨간 지 오래전이기 때문에, 도덕적이거나 도의적 책임도 묻지 못하게 된 것이 한국이다.

그렇다 치고, 이런 꼼꼼한 것까지 다 봐야 해? 선진국의 시민이라는 것이, 원래 그렇다. 자신들과는 별 상관없는 지구 반대편 나라에서 벌어지는 일들까지 다 자신의 관심 영역이라고 자부심을 갖는 게 글로벌 시민의 원래 의미다. 미국 시민들이 왜 세월호 광고까지 자신들이 매일 아침 보는 신문에서 봐야 하는가? 그것보다 더 상관없는 일도 관심 갖는 게 글로벌 시민 아닌가?

기후변화협약의 협상장에서 벌어지는 약간은 소소하고 복잡해 보이는, 그렇다고 절대 시시하지 않은, 그런 일에도 관심을 가져야 할 때가 되었다.

자, 이제 〈스타워즈〉 얘기로 돌아가 보자. 지금 우리는 전체 시리즈의 몇 편 정도에 와 있을까? 우리의 아나킨 스카이워커가 아직 다스베이더가 되지 않았고, 그리하여 루크 스카이워커는 태어나지도 않은 2편과 3편 그 어딘가에 있는 것이 아닐까? 원자력을 중심으로 지금까지 한국이 기후변화협약과 관련해서 한 일만 놓고 보면, 아직 '새로운 희망'이 등장하는 4편보다는 한참 이전인 것 같다.

제부 아무도 지구를 걱정하지 않는다

기후변화협약 자세히 들여다보기

칸쿤 쇼크

2010년 11월 말 공항에서 시내로 들어가는 셔틀버스 창밖의 칸쿤은 소문
난 세계적 휴양지답게 카리브 해를 따라 전용 해변을 가지고 있는 특급 호텔
들이 줄지어 서 있었고 근사한 골프 코스도 여기저기 눈에 띄었다. 그간의
경험에 따르면 이렇게 멋있는 장소에서 회의를 하면 회의 능률이 상당히 떨
어지는 경향을 보인다. 효과적인 회의를 위해서는 회의장의 위치도 중요하
다. 일단 개최지가 관광이나 휴양으로 유명하지 않은 곳이 바람직하다. 그
게 안 된다면 최소한 회의장이라도 번화가와 멀찍이 떨어져 있어야 한다.
일단 회의장에 들어가면 딱히 다른 일을 하기 마땅치 않을수록 좋다.

1997년의 일본 교토에서 회의장이 딱 이런 모양새였다. 교토 시내로부터
뚝 떨어진 지하철 종점에 위치한 교토 국제컨퍼런스홀에서 회의가 열렸다.
회의장 밖에서 점심이라도 하려면 꽤나 긴 시간을 걸어 나가야 했고, 그마저
도 한국의 자그마한 분식집 수준의 식당 몇 개가 전부였던 것으로 기억한다.
따라서 교토 국제컨퍼런스홀 내에 마련되어 있는 식당은 늘 붐볐다. 그래서

멕시코 칸쿤 전경. 이런 곳은 경치는 좋으나 회의를 하기에는 그리 좋지 않다.

자료: http://es.wikipedia.org/wiki/Canc%C3%BAn#mediaviewer/Archivo:Imagebysafa2.jpg

그런지는 모르겠지만 그해 겨울 교토에 모인 각국 대표들은 마치 일에 중독이라도 된 양 미친 듯이 회의를 했다. 국제회의를 밤을 새워서도 한다는 걸 그때 처음 알았다. 하지만 회의가 거듭될수록 열흘간의 회의가 논의만 무성한 채 아무 결론을 내지 못하고 그냥 끝나는 것이 아닌가 하는 우려의 소리가 여기저기서 들려왔다. 그렇게 정열적이고 힘 있어 보이던 아르헨티나의 에스트라다Raul Estrada 베를린 위임사항에 대한 특별위원회(AGBM)* 의장도 서서히 지쳐갈 즈음에, 당시 미국 클린턴행정부의 앨 고어Al Gore 부통령이 총회 둘째 주 월요일에 열리는 각료급 회담 참석을 위해 전세기 편으로

━━━━━━━

■ 1995년 독일 베를린에서 기후변화협약 제1차 당사국총회가 개최되었다. 이 회의에서 기존의 기후변화협약상의 온실가스 감축목표를 달성하기 위해서는 의정서나 또 다른 법적 형태의 의무이행 강화방안이 필요하다는 베를린 결의사항을 채택했다. 또 이 결의사항의 이행을 위한 실무그룹을 만들어 1997년까지는 논의를 마무리 짓도록 결정했다. 이때 만들어진 실무그룹을 베를린 위임 사항에 대한 특별위원회(Ad Hoc Group on the Berlin Mandate: AGBM)이라 했고, AGBM은 교토의정서를 만들어내는 성과를 거두었다.

교토에 나타났다. 고어 부통령과 함께 일본의 하시모토橋本龍太郎 총리도 참석하면서 회의장의 분위기는 활기를 띠기 시작했다. 이에 부응하듯 고어 부통령이 "미국 대표단에게 좀 더 협상의 유연성을 줄 것'을 지시했다"고 각료급 회담 연설 중에 밝혔다. 연설 후 고어 부통령은 EU 대표단, 영국 부총리, 일본 환경장관, 여러 개도국 그룹 등과 연이어 회담을 열어 적극적으로 협상을 타결하기 위한 다양한 행보를 보였다. 그리고 그날 저녁 간사이국제공항으로 떠나기 직전 기자회견을 열어, "우리가 협상에 합의할 수 있을 것이라는 데 점차 확신을 가지게 되었다"고 밝혀 많은 박수를 받았다. 그러나 이런 낙관적 분위기도 잠시, 미국 대표단이 '개도국의 온실가스 배출 감축의무'가 합의문에 포함되어야 한다는 기존 입장을 여전히 견지함에 따라 협상은 다시 난항에 부딪치게 되었다.

그렇게 열흘간의 회의 마지막 날이 밝았고, 예정되었던 마지막 본회의 개회가 계속 지연되고 있었다. 막후에서는 협상 타결을 위한 선진국 비공식회담*이 계속되었다. 이 비공식회의에 에스트라다 의장을 비롯한 주요 선진국이 모두 참석하여, 모든 사람의 관심이 그쪽에 쏠려 있었다. 계속 연기되던 본회의는 밤 11시경에야 다시 열렸고, 고어 효과인지는 모르겠지만 미국의 양보로 예정된 회의기간을 하루 넘겨 1997년 12월 11일 목요일 오전, 마침내 합의문이 채택되었다. 이렇게 상당히 극적으로 선진국이 먼저 '구속력 있는 온실가스 감축목표'를 설정하고 이행해나가는 것을 주 내용으로 하는

■ 당사국총회가 개최되면 공식적인 논의 의제가 선정되고 이에 대한 각국의 의견 수렴 작업이 진행된다. 보통의 경우 중요한 사안은 회의 개최 이전에 각국의 의견을 제출토록하나 사안이 중요할수록 통일된 의견을 모으는 것이 어려워진다. 따라서 효율적인 회의 진행을 위해서 다양한 형식의 비공식회담(informal meeting)이 열린다. 이런 비공식회의를 통해 주요사안이 결정되고, 공식회의는 단순한 통과의례에 그치는 경우가 많다.

교토의정서가 공식적으로 모습을 드러냈다. 필자가 매년 열리는 기후변화협약 당사국총회(Conference of the Parties: COP)에 참석한 것은 그때가 처음이었다. 이렇게 중요한 회의의 현장에 함께할 수 있었으니 꽤 운이 좋은 편이라고 생각한다. 이후 16번의 당사국총회가 더 있었고 필자는 아르헨티나, 인도에서의 회의를 제외하고 모든 당사국총회에 참석하는 호사를 누렸다.

다시 칸쿤으로 돌아가서, 그곳에서는 그 한 해 전인 2009년 코펜하겐에서 오바마Barack Obama 미국 대통령을 비롯한 세계 115개국 정상들이 모여서 벌인 대형 사고를 과연 수습할 수 있을까 하는 우려와 기대 속에 회의의 막이 올랐다. 코펜하겐에서 벌어진 일은 나중에 다시 상세히 언급하겠지만, 대충 요약하면 이렇다.

교토의정서에는 선진국별로 2012년까지의 온실가스 감축목표가 정해져 있고, 그 후에 어떻게 할 것인지에 대해서는 아무런 언급이 없었다. 따라서 2013년부터는 어떻게 할 것인지 가능한 한 빨리 결정할 것을 여러 해 전부터 관계되는 사람들이 촉구하고 있었다. 그러나 이를 결정해야 할 각국의 입장 차이로 차일피일 결정이 미루어지다 결국은 의사결정의 마감시간에 몰렸다. 급기야는 2007년도 인도네시아 발리 당사국총회에서 늦어도 2009년까지는 교토의정서 이후에 대한 내용을 결정하기로 합의했다. 이것이 발리로드맵이다. 바로 그 발리로드맵Bali Road Map에 정해진 마지막 해의 당사국총회가 덴마크 코펜하겐에서 열렸다.

모든 사람들의 관심은 과연 코펜하겐에서 교토의정서에 못지않은 그럴듯한 결과물이 나올 수 있을 것인가에 쏠려 있었다. 이런 세간의 관심을 반영하듯 장관급 수준이던 기존의 역대 당사국총회와는 달리 주요 세계 정상들이 모두 그해 겨울에 코펜하겐으로 날아들었다. 한국의 이명박 대통령도 그 중 한 명이었다. 그러나 여론에 등 떠밀려 서둘러 회의장에 도착한 세계 정상들에게서 너무 많은 것을 기대하는 것은 현실적으로 무리가 있었다. 결국 절차상의 여러 가지 무리를 범하면서 상당히 졸속으로 만들어진 것이 '앞으로 선진국들이 온실가스를 줄이기 위해 더욱 열심히 노력하겠다'고 밝힌 코펜하겐어코드Copenhagen Accord였다. 그냥 말로만 열심히 한다는 것은 좀 눈치가 보이니, 비록 교토 때처럼 법적인 구속력은 없더라도 2020년까지의 목표를 각자 알아서 제시하기로 했다. 이런 선진국들의 노력에 걸맞게 개도국도 온실가스를 줄이는 데 뭔가 성의를 보여달라는 내용도 있었는데, 놀랍게도 중국을 비롯한 주요 개도국들이 이에 동의했다.

물론 개도국 입장에서도 약간의 성과가 있었다. 그동안 그렇게도 입장 차이가 컸던 개도국 지원에 선진국이 통 크게 나선 것이다. 급한 대로 우선 2010~2012년까지 3년간 300억 달러를 지원하고, 2020년까지는 지원규모를 매년 1,000억 달러까지 늘려나가기로 했다. 그러나 누가 얼마씩 부담할 것인가에 대해서는 아무런 구체적인 언급이 없었다.

따라서 칸쿤의 주요의제는 이렇게 총론만 있고 각론은 없는 코펜하겐에서의 합의를 어떻게 구체화할 것인가 하는 것과, 선진국들이 딴소리하기 전에 얼른 개도국에 대한 지원 방법을 결정하는 것이었다. 개도국 입장에서는 누가 얼마씩 언제까지 기금을 낼 것인가를 확실히 하고 싶어 했다. 물론 많은 NGO들은 이런 코펜하겐에서의 결정에 맹비난을 퍼부으며, 여전히 교토의정서 같은 '법적인 구속력을 가지는 계량화된 각국의 2020년까지의 감축목표'를 설정해야만 한다고 강력하게 주장[1]하고 있었다.

이렇게 모든 것이 뒤죽박죽인 상태에서, 코펜하겐의 4만 여명에 비하면 많이 줄어들긴 했지만 당사국총회 참석자 수로는 결코 적지 않은 1만 2,000여 명에 달하는 관계자들이 놀기 좋은 칸쿤으로 몰려들었다.

그러나 옥색 카리브 해와 산호가루로 이루어진 하얀 모래, 그리고 데킬라에 취한 각국 대표는 회의 벽두부터 메가톤급 일본발 폭풍에 휩싸였다. 회의 시작 둘째 날이자 11월의 마지막 날 일본이 교토의정서 관련 문제를 논의하는 총회 석상에서 "일본은 어떤 조건, 어떤 상황에서도 교토의정서의 이름으로 국가목표를 설정하는 일은 없을 것이다"라고 천명하고 나선 예기치 못한 사태가 발생한 것이다. 놀랍게도 일본이 앞장서서 공개적으로 교토의정서를 죽여버렸다.

이날 회의를 지켜본 한국 대표단의 관계자는 두 가지 면에서 깜짝 놀랐다고 말했다. 우선은 어떻게 일본이 다른 것도 아니고 '교토'라는 이름이 들어간 의정서를 죽일 수 있는가 하는 것이었고, 다른 하나는 일본 대표가 국제회의 석상에서 그렇게 강한 톤으로 말할 때도 있는가 하는 것이었다. 당사국총회에서 오랜 협상 경험을 가지고 있는 그의 말에 따르면, 협상에서 많은 사람들이 그런 경향을 보이긴 하지만 일본대표들은 어떤 경우에도 단정적인 표현을 사용하지 않았다고 한다. "예스", "노"가 불분명한 전형적인 일본식 외교화법이라고 할 수 있겠다. 그런데 놀랍게도 그날은 공개 석상에서 짧지만 아주 강한 어조로 교토의정서의 연장을 반대한다고 말했다. 이날 일본 대표단의 발언에 대해 영국의 ≪가디언The Guardian≫ 지는 "지금까지 주요 온실가스 배출국이 교토의정서에 반대한 발언 중 가장 강한 것"[2]이었다고 전했다.

이렇게 칸쿤 당사국총회 시작 이틀 만에 일본은 교토를, 교토의정서를 죽여버렸다!

주요 당사국총회(COP) 및 회의 결과

✓ COP1, 1995년 베를린, Berlin Mandate

1992년 브라질 리우에서 기후변화협약서가 채택된 이후 처음 개최된 당사국총회이다. 기후변화협약서에서 정한 1990년 수준으로 온실가스 발생을 안정화시키기 위해서는 더 적극적인 선진국의 목표설정이 필요하다고 보고 이런 계량화된 감축목표 설정을 1997년까지 완료할 것을 결정한 베를린위임사항(Berlin Mandate)을 채택했다.

✓ COP3, 1997년 교토, Kyoto Protocol

역대 당사국총회 중에서 가장 중요한 당사국총회라 할 수 있다. 베를린위임사항에 대한 특별위원회(AGBM)의 결과물로서 교토의정서를 채택했다. 주요내용은, 선진국의 온실가스 발생량을 2008~2012년의 5년간 1990년 발생량 대비 평균 5.2% 줄이는 '법적 구속력 있는 계량적 감축목표'를 설정한 것이다. 이와 관련한 상세내용과 이런 감축목표를 달성하는 방법론인 교토메커니즘Kyoto Mechanism 대해서는 뒤에 따로 상세히 기술했다.

✓ COP7 2001년 마라케시, Marrakech Accord

교토메커니즘의 상세한 규칙을 정한 마라케시어코드(Marrakech Accord)를 채택했다. 교토의정서와 관련된 모든 룰이 확정됨에 따라 이후 CDM(청정개발체제, Clean Development Mechanism: CDM), JI(공동이행제도, Joint Implementation: JI) 등 관련 사업이 본격적으로 추진되는 시발점이 되었다. 정치적으로는 교토의정서가, 실무적으로는 마라케시 합의가 가장 중요한 당사국총회의 결과물이라 할 수 있다.

✓ COP13, 2007년 발리, Bali Road Map

선진국들 '계량화된 온실가스 감축목표를 포함한 국가적으로 적합한 감축공약과 행동'을, 개도국은 선진국의 지원하에 '국가적으로 적합한 감축행동(NAMA)'을 종합적으로 추진해나갈 것을 결정했다. 개도국이 어떤 형식으로든 온실가스 감축에 참여하는 것이 발리에서 처음으로 공식화되었다. 미국이 본격적으로 기후변화협상에 복귀한 당사국총회로 볼 수 있다. 2009년까지 교토의정서 후속조치를 완료하는 것을 정한 발리로드맵이 채택되었다.

✓ COP15, 2009년 코펜하겐, Copenhagen Accord

당사국총회 사상 처음으로 주요국의 정상들이 모인 회의로, 비록 코펜하겐어코드의 공식적인 채택에는 실패했으나 기후변화 문제에 대응하는 데 개도국의 참여를 적극적으로 끌어낸 회의로 평가할 수 있다. 이후 이어지는 당사국총회 협상에 결정적인 영향을 주었다. 상세한 내용은 본문을 참고.

✓ COP16, 2010년 칸쿤, Cancun Agreement

공식화에 실패한 코펜하겐어코드에 담긴 내용을 더욱더 상세하게 정하고 공식화한 칸쿤합의를 채택했다. Pledge & Review 방식과 MRV에 대한 논의가 더 중요한 이슈로 부각되었고, 녹색기후기금 설립을 합의했다.

✓COP17, 2011 **더반**, Durban Platform

2015년까지 '모든 당사국에게 적용 가능한(applicable to all parties)' 프로토콜, 법적수단 또는 법적효력을 가지는 합의결과를 내기로 결정한 더반플랫폼을 채택했다. '모든 당사국에게 적용 가능한'의 의미에 대해서는 지금도 논란이 계속되고 있기는 하지만, 발리 이후 본격적으로 논의되고 있는 개도국의 온실가스 감축 참여 문제에 대한 전기를 마련한 회의로 평가할 수 있다.

✓COP18, 2012 **도하**, Doha Gateway

교토의정서 연장(2013~2020년)에 합의하여 기후변화협약에서 기후체제의 연속성을 확보했다.

*주요 당사국총회 회의 결과는 주로 온실가스 감축과 관련된 사항을 중심으로 이 책의 내용 이해에 필요한 부분만 정리했다.

왜 일본은 교토를 죽였을까?

사실 일본정부는 그동안 교토의정서상의 감축의무를 지키기 위해 많은 노력을 기울였다. 교토 당사국총회에 앞서 총리를 본부장으로 하고 관련부처 장관들이 총망라된 '지구온난화대책 추진본부'를 설치했고, 교토의정서가 채택된 이듬해에 「지구온난화대책 추진법」을 제정하여 본격적인 대응체제를 갖추어나갔다. 교토의정서에 정해진 국가감축의무를 지키기 위해 어느 국가보다도 발 빠르게 행동하고 많은 돈과 시간을 들인 국가가 일본이라고 할 수 있다.

특히 2001년 교토메커니즘의 세부사항을 정한 마라케시 합의가 채택된 이후 본격적으로 온실가스를 줄이기 위한 선진국-개도국 간의 협력사업(CDM 사업)이 활성화되고 유럽을 중심으로 배출권이 거래되기 시작하자, 한국의 에너지관리공단과 유사한 신에너지 개발기구(New Energy Development Organization: NEDO)를 통해서 탄소배출권을 구매하는 데 적극적으로 나섰다. 2006년 이후 교토메커니즘 크레디트 취득프로그램[3]을 수립하여 NEDO를 통해 시행했다. 특히 2008년 각의에서 일본의 교토의정서상 국가감축목표 -6% 중 최대한의 국내 감축노력으로도 달성하기 어려운 것으로 평가되는 1.6%포인트 정도는 교토메커니즘을 활용하기로 결정했다. 이후 본격적으로 배출권 확보에 나서기 시작해서, 2012년까지 2,000억 엔 이상을 들여 총 9,400만 톤의 배출권을 확보[4]했다. 한국 울산에 소재한 R 사에서 만들어진 배출권도 장기 공급 계약을 통해서 매년 수만 톤씩 일본으로 넘어간 것으로 알려졌다. 게다가 관련 환경단체 등으로부터 많은 비난을 받기도 했지만, 헝가리, 우크라이나, 체코 등 동구권에서 국가목표를 너무 느슨하게 설정해서 발생된 잉여 배출권, 소위 핫에어Hot Air*를 사들여 교토의정서상에 정의되어 있는 국가 간의 배출권거래를 본격적으로 실천에 옮긴 나라도 일본이었다. 즉 교토의정서에서 정한 국가목표를 가장 성실하게 지키려한, 또 교토의정서에 정의

■ 교토의정서상 의무감축국가의 감축목표가 너무 느슨하게 설정되어 아무런 노력도 들이지 않았음에도 얻게 되는 배출권을 일컫는 용어이다. 구 소비에트연방에 포함되어 있던 동구권에서, 소비에트연방이 붕괴되면서 에너지다소비 산업도 함께 붕괴되어 대규모의 핫에어가 발생했다. 공장굴뚝에서 온실가스가 나오는 것이 아니라 그냥 뜨거운 공기(hot air)만 나오고 이를 목표에 포함시켜 배출권을 얻게 되었다는 것을 빗대어 사용한 데서 생겨난 용어이다.

된 방법론을 가장 모범적으로 활용한 국가가 바로 일본이었다.

이런 일본이 무슨 이유로 교토의정서를 더 이상 받아들이기 어렵다고 할 수밖에 없었을까? 그 이유를 알려면 교토의정서가 태어난 배경과 그것이 뜻하는 바를 좀 더 깊이 들여다보아야 한다.

기후변화협약이란 무엇?

1992년 6월 브라질 리우에서 늘 다투기만 하던 정치인들에 의해 지구 역사상 유례없는 훌륭한 결정이 내려졌다. 세계 178개국의 정상과 대표단이 참석한 가운데 더워지는 지구를 걱정하고, 이를 막기 위해 무엇인가를 하자는 결정이 바로 그것이었다. 일컬어 United Nations Framework Convention on Climate Change, 약칭해서 UNFCCC, 우리말로는 기후변화협약[*]이 다(물론 리우 지구정상회의^{**}에서는 기후변화협약 이외에도 '환경과 개발에 관한 리우 선언', '의제 21', '생물다양성협약' 등도 함께 채택되었다).

표 1.2 **리우지구정상회의 결과**

선언(2)	1. 리우 선언(Rio Declaration)
	2. 의제 21(Agenda 21)
협약(2)	3. 기후변화협약(Convention on Climatic Change)
	4. 생물다양성협약(Convention on Biological Diversity)
성명(1)	5. 산림원칙성명(RIO Declaration of Forest Principles) (전 세계 산림의 경영, 보전 및 지속가능한 개발에 관한 제 원칙 성명)

■ 기후변화협약은 1994년 3월 21일에 발효되었다. 전문과 26개 조항, 2개 부속서로 구성 되어 있으며, 현재 195개국이 비준하여 국제협약 중 참여국 수가 가장 많은 것으로 알려 져 있다.

■■ '환경 및 개발에 관한 국제연합회의'가 정식명칭이며, 약칭해서 '리우 환경회의' 또는 '지구정상회의' 등으로 불린다.

예방적 조치 시행의 원칙

기후변화협약서에는 비록 실천력이 떨어지긴 하지만 여러 의미 있는 내용들이 포함되어 있다. 예를 들면 협약서 제3조에는 협약의 목적을 달성하고 이행하기 위한 행동원칙들을 밝히고 있다. 그중 3항에 기후변화의 부정적 효과를 완화하기 위한 예방적 조치를 취할 것을 분명히 하면서 '충분한 과학적 확실성이 없다는 이유로 이러한 조치를 연기해서는 아니 됨'을 못 박고 있다. 이를 흔히 '예방적 조치 시행의 원칙'이라 부른다.

환경과 관련한 이슈들은 그것의 인과관계가 불분명한 경우가 왕왕 있다. 즉, 누군가 환경에 위해를 주는 행위를 했을 경우, 그것이 정말 위해가 되는지, 위해가 된다면 얼마나 위해가 되는지에 대한 설명이 일목요연하지 않은 경우가 적지 않다. 이 때문에 당사자 간의 다툼이 벌어지고, 다툼이 벌어지는 동안 환경에 대한 부정적 영향은 지속적으로 확대된다. 게다가 환경문제에는 비가역적 특성이 있다. 한번 환경이 훼손되면 이것을 원상태로 복귀시키기가 대단히 어려울 뿐 아니라 많은 경우 불가능하기까지 하다. 따라서 이러한 특성을 감안해서 국제적인 영향을 미치며 비가역적이고 동시에 여전히 인과관계에 대한 논란이 있는 기후변화 문제를 다루는 방법을 밝힌 것이 바로 '예방적 조치 시행의 원칙'이다. 즉, 우리가 기후변화 문제를 직접적으로 인지하고 느낄 때에는 이미 늦었을 가능성이 높으며, 이를 원상으로 복귀시키는 것이 불가능하거나 그렇지 않더라도 매우 큰 비용이 들게 된다. 따라서 이를 미리미리 예방적으로 대응해나가는 것이 결국 가장 비용대비 효과적이라는 경험칙에 기반을 두고 수립한 원칙이다. 만일 여러분이 지구 온난화의 영향을 몸으로 느끼고 있다면 이미 돌이키기에는 늦었을지 모르며, "정말 더운가?", "얼마나 더 더워질 것인가?", "왜 더워지는가?" 등에 대해 갑론을박하는 사이 문제는 더욱 심각해지고 이를 해결하는 데 점점 더 많은

그림 1.1 **지구온도 변화**

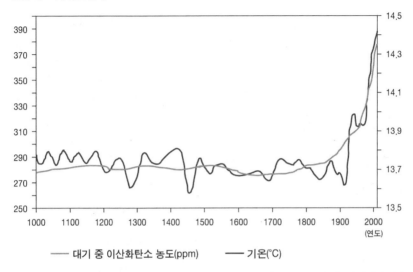

― 대기 중 이산화탄소 농도(ppm)　　― 기온(°C)

주: Hanno라는 이름의 개인이 Wikimedia Commons에 올린 그래프로 UNEP가 인용하면서 유명해
졌다. 사용한 데이터 등에 대한 상세한 내용은 다음 사이트를 참조할 것. http://www.evol.no/
hanno/09/UNEP.html

돈이 들어갈 것이므로, 지금 우선 필요한 것들을 실천해나가자고 촉구한 것
이다.

　기후변화협약서 도입부에 이런 원칙을 천명한 것은 그동안 기후변화 문
제를 둘러싸고 벌어진 과학적 진실[*]에 대한 논란에 종지부를 찍자는 것이
아니라, 이 문제를 대하는 자세의 전환을 요구한 것으로 볼 수 있다. 즉, 과
학적 진실을 분명히 밝히기 위한 노력은 계속하면서, 동시에 더 늦기 전에

　■ 지구온난화와 그 원인이 인간 활동에 의한 것이라는 주장에 대해서는 IPCC의 4차보고서와
　　IPCC의 '선제적 기후변화 적응을 위한 극한현상 및 재해 위험관리'에 대한 특별보고서 등
　　여러 자료를 참고하기 바란다. 반면 이에 반대하는 의견은 종합적이기보다는 앞서 언급한
　　보고서들의 문제점을 지적하거나, 단편적인 현상들을 예로 드는 경우가 많다. 반대 의견은
　　다음 사이트를 참고하면 될 것이다. http://www.climatescienceinternational.org/

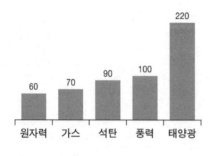

그림 1.2 **신재생에너지 발전단가(2011년)**

(단위: 원/kWh)

자료: 수출입은행.

'그 자체만으로도 경제적으로 타당하고 환경문제 해결에 도움을 주는 기후변화 대응을 위한 다양한 조치들'을 우선 행동으로 옮기자는 의지를 표명한 것이라 할 수 있다.

이런 예방적 조치 시행의 원칙을 말로 하기는 참 쉽지만 이를 실제로 실천에 옮기는 것은 완전히 다른 이야기다. 예방적 조치라는 것은 다시 말하면 현재 드러나지 않은 리스크를 관리하기 위하여 지금 비용을 지불하거나 불편을 감수한다는 것인데, 이게 그리 만만하지 않다. 게다가 내가 아닌 남이 부담을 하는 것은 쉽게 말할 수 있으나, 나의 문제가 되는 순간 얘기가 달라진다. 예를 들어 국내 전력문제를 책임지고 있는 한국전력에게 전기 생산에서 발생되는 온실가스를 줄이기 위해 석탄 화력발전의 비중을 축소하고 태양광이나 풍력과 같은 온실가스가 발생되지 않는, 그러나 발전단가는 다소 높은 신재생에너지 발전을 늘려나가라고 이야기하는 것은 쉽다. 그러나 그러기 위해서 결국 한국전력이 돈을 많이 써야 하니 어쩔 수 없이 전기요금을 올려야겠다고 하면 그땐 얘기가 완전히 달라진다. 남의 주머니에서 돈이 나가는 것을 이야기하기는 쉬우나 내 주머니에서 돈이 나가야 할 경우에는 입장이 확연히 달라진다는 것이다. 예방적 조치 시행의 원칙! 참 쉽다. 말하기는. 그러나 이를 실천에 옮기는 일은 그리 만만한 것이 아니다.

놀랍게도 1992년 리우에서 정치가들은 이 원칙에 합의를 했다. 아마 그때 그 사람들은 지구가 더워지는 것을 진정으로 걱정하고 있었거나, 아니면 본인들이 무엇에 합의하고 있는지 잘 모르고 있었을 것이다.

공동의 그러나 차별화된 책임(CBDR)의 원칙

그 당시 리우에서 협상가들의 의견은 크게 둘로 나뉘어 있었다. 기후변화 문제를 해결하기 위해서는 특정 국가의 노력만으로는 부족하고, 이 문제가 전 지구적인 문제이므로 모든 국가가 함께 노력해나가야 한다는 것이 그 하나였다. 이 말이 일리 있는 이야기이기는 하나 지구온난화의 주범인 온실가스를 산업혁명 이후 주로 뿜어낸 역사적 책임이 있는 선진국이 먼저 행동하고 책임져야 한다는 것이 또 다른 하나였다. 물론 전자는 선진국의 의견이고, 후자는 중국을 비롯한 개도국의 의견이다. 이렇게 팽팽하게 맞선 두 의견을 아우르며 하나의 협상 테이블에 앉히기 위한 노력과 타협의 결과로 채택된 것이 바로 '공동의 그러나 차별화된 책임(Common But Differentiated Responsibilities: CBDR)'이라는 문구였다. 즉, 기후변화의 문제는 전 지구적인 사안이므로 '공동의 그러나 차별화된 책임과, 각국의 능력과 사회 경제적 상황에 맞는" 모든 국가의 최대한의 협력을 필요로 한다고 협약서의 서문에 기술하고 있다.

여기서 "차별화된 책임이란 무엇인가?", "어떻게 차별화 할 것인가?"와 같은 질문이 자연스레 나오게 되는데 사실 그 답이 각국이 처한 입장에 따라 다 다를 수밖에 없다. 그럼에도 리우의 협상장에서 협상가들은 기후변화협

■ 기후변화협약서 서문 여섯 번째 문장, "기후변화의 세계적 성격에 대응하기 위해서는 모든 국가가 그들의 공동의, 그러나 차별화된 책임, 각각의 능력 및 사회적 · 경제적 여건에 따라 가능한 모든 협력을 다하여 효과적이고 적절한 국제적 대응에 참여하는 것이 필요함을 인정하며"에서 이와 같은 내용을 유추할 수 있다.

그림 1.3 산업혁명 이후(1850~2006년) 이산화탄소 배출 누적 비율

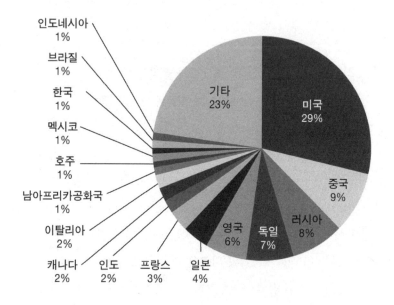

주 1: 미국이 약 30% 정도를 차지함. 선진국이 전체 배출량의 약 75%를 점유.
주 2: 중국, 인도, 남아프리카, 멕시코가 각각 9%, 2%, 1%, 1%씩 배출.
자료: 세계자원연구소, 기후분석지표.

약의 이행을 위해 준수해야 할 원칙을 밝혀놓은 제3조의 첫 번째 항목에 '당사국들은 형평성과 공동의, 그러나 차별화된 책임과 각국의 능력에 따라 인류의 현재 및 미래 세대의 편익을 위하여 기후시스템을 보호해야 한다. 따라서 선진 당사국들이 기후변화 및 그 부정적 효과에 대응하는 데 선도적 역할을 해야 한다'고 명시했다. 이로써 CBDR의 원칙이라 함은 바로 "역사적 책임이 있고 경제적 여유가 있는 선진국이 기후변화 문제를 위해 먼저 나서세요"라는 말과 같은 것으로 해석되게 해놓고 선진국의 리스트를 부록으로 첨부했다. 결국 개도국 쪽의 의견이 우선 반영되었다고 볼 수 있다.

표 1.3 기후변화협약서의 선진국 리스트

부속서 1국가: 협약 채택 당시 OECD, 동유럽, EEC 국가	부속서 2국가: OECD와 EEC 국가
벨라루스, 불가리아, 체코, 에스토니아, 헝가리, 라트비아, 리투아니아, 모나코, 폴란드, 루마니아, 러시아, 슬로바키아, 슬로베니아, 우크라이나, 크로아티아, 리히텐슈타인, 몰타 + 부속서 2국가 + EEC	호주, 오스트리아, 벨기에, 캐나다, 덴마크, 핀란드, 프랑스, 독일, 그리스, 아이슬란드, 아일랜드, 이탈리아, 일본, 룩셈부르크, 네덜란드, 뉴질랜드, 노르웨이, 포르투갈, 스페인, 스웨덴, 스위스, 터키, 영국, 미국 + EEC

주 1: 한국을 포함한 비부속서 1국가들은 감축의무를 부담하지 않는 개도국으로 분류됨.
주 2: EEC(European Economic Community, 유럽경제공동체).

이후 CBDR의 원칙은 기후변화협약 협상장에서 개도국의 강력한 무기가 된다. 선진국들이 이제 1992년과는 여건이 바뀌어 개도국에서 배출하는 온실가스의 양이 이미 선진국 수준을 넘어 전 세계 배출량의 50%를 넘어선지 오래라고 지적하며 개도국의 의미 있는 참여의 필요성을 언급하면, 개도국들은 바로 이 원칙을 들고나온다. 선진국들이 어떻게 개도국들의 참여를 끌어낼 것인지 고심했던 2009년 코펜하겐에서, 중국의 원자바오溫家寶 총리가 마지막 날 연설을 통해 "공동의 차별화된 책임의 원칙은 기후변화 문제에 대한 국제협력의 핵심이며 기초가 되는 것으로 전혀 협상의 여지가 없다"[5]고 못 박은 것 등을 사례로 들 수 있다.

이 원칙에 대한 선진국과 개도국 간의 의견 차이는 기후변화협약 당사국총회뿐만 아니라 리우선언 20주년이 되는 해인 2012년 브라질 리우에서 개최된 Rio+20 회의장에서도 첨예하게 드러났다. Rio+20 회의의 주요내용 중 하나는 1992년 리우선언의 27개 원칙을 재확인하는 것이었다. 그러나 '환경과 개발에 관한 리우선언' 내용 중 '지구 환경훼손에 가담한 정도에 따라 국가들은 공동의 그러나 차별화된 책임을 진다'라고 기술된 일곱 번째 원칙'에 선진국들이 이의를 제기하고 수정할 것을 주장했다. 물론 개도국들은 말

표 1.4 기후변화협약상의 책임

일반의무 사항: 선진국·개도국 공통의무 사항	• 온실가스 배출 감축을 위한 국가전략을 자체적으로 수립·시행·공개할 의무. • 온실가스 배출·흡수 현황 및 국가전략 보고 의무.
특별의무 사항	• 부속서 1국가(OECD 24개국 및 동구권 시장경제전환 11개국): 온실가스 배출을 2000년까지 1990년 수준으로 감축. • 부속서 2국가(OECD 24개국): 개도국에 협약이행을 위한 재정 및 기술적 지원을 제공.

도 안 된다고 펄쩍 뛰었다. 결국 마지막까지 실랑이를 벌이다 없었던 일이 되긴 했지만, 선진국들이 CBDR의 원칙을 얼마나 싫어하는지 보여준 좋은 사례라 할 수 있다.

사실 CBDR의 원칙이 기후변화협약서에 처음으로 나온 것은 아니다. 이 원칙은 국제법상의 국가 간 형평성equity의 문제에 접근[6]하는 하나의 일반적인 방법론으로 알려져 있었다. 그러나 대부분의 경우 그 정신을 살려 선진국과 개도국 간의 부담을 적절히 차별화하는 방법으로 적용되었지, 리우선언과 기후변화협약에서처럼 명시적으로 기술된 사례는 그리 흔치 않았다. 어쨌든 이후 이 원칙은 국제적으로 환경문제를 다루면서 선진국과 후진국 간의 부담을 저울질할 때 기준이 되었고, 각종 국제협약에서 이를 인용하는 사례가 자주 등장하게 된다. 한 예로, 2013년 10월 몬트리올에서 개최된 국

■ 리우선언 일곱 번째 원칙: 각 국가는 지구 생태계의 건강과 안전성을 보존, 보호 및 회복시키기 위하여 범세계적인 동반자 정신으로 협력해야 한다. 지구의 환경 악화에 대한 제 각기 다른 책임을 고려하여, 각 국가는 공통된 그러나 차별적인 책임을 가진다. 선진국들은 그들이 지구 환경에 끼친 영향과 그들이 소유하고 있는 기술 및 재정적 자원을 고려하여 지속가능한 개발을 추구하기 위한 국제적 노력에서 분담해야 할 책임을 인식해야 한다.

제민간항공기구(International Civil Aviation Organization: ICAO) 제38차 총회에서 기후변화 문제 대응을 위해 더 강화된 정책과 실천을 지속할 것을 결정하면서, 그 방법의 하나로 시장 기능에 근거한 대응수단(Market-Based Measures: MBMs)을 개발하고 실천하기로 했다. 그리고 이런 수단들은 '공동의 그러나 차별화된 책임과 각각의 능력'을 고려해야만 한다고 명시[7]하고 있다.

그러나 동시에 이 원칙은 기후변화협약이 발효된 지 20년이 지났음에도 이렇다 할 성과를 거둘 수 없게 한 주요 원인이기도 하다. 비록 CBDR의 원칙이 '인류의 공동 관심사'인 기후변화 문제에 접근하는 방법론을 제시한 아주 훌륭한 기본 규범이긴 하나, 현실적으로 '공동'과 '차별화'에 대한 정의를 정확히 내리기는 쉽지 않은 일이다. 무엇이 '공동의 책임'이고, 어떻게 책임을 '차별화'할 것인가에 대한 답은 국가마다, 이해 집단마다 다를 수 있기 때문이다. 따라서 이에 대한 정의를 분명히 하지 않은 채로 단순히 CBDR을 인용할 경우에는 관계자 간의 끊임없는 논쟁거리를 제공하게 된다. 협상가들이 의도적이든 아니든 반복해서 이에 대한 문제를 제기하면 협상은 아주 지지부진해질 수밖에 없다. 이것이 바로 기후변화협상장에서 벌어지고 있는 일이다.

계량화된 책임

많은 문제를 안고 있기는 했지만 기후변화협약은 1994년 3월 21일 발효되었고, 지금은 어떤 국제협약보다도 많은 195개국이 비준을 했다. 그리고 이런 기후변화협약에 실천력을 부여하기 위한 국제협상이 이후 진행되어 마침내 1997년 교토에서 결실을 맺게 된다.

교토에서 논의된 핵심적 사안은, CDBR의 원칙에 따라 선진국들이 어떻게 선도적으로 나서서 지구의 온실가스 수준을 1990년대 수준으로 안정화시킬 것인가 하는 것과 개도국들에게 온실가스를 줄이기 위한 능력을 어떻게 형성시켜줄 것인가 하는 것이었다. 초기단계의 논의 흐름이 어땠는지 자세히 알 수는 없으나 놀랍게도 1990년대 수준의 안정화*라는 상당히 구체적인 목표가 기후변화협약서에 포함됨에 따라, 이를 달성하기 위한 계량화된 온실가스 배출 감축목표(Quantified Emission Limitation and Reduction Objectives: QELROs)를 설정하는 것이 아주 중요한 하나의 논제였다. 개도국의 지원과 관련해서는 누가 어떻게 지원을 할 것이고, 이에 필요한 재원은 어떻게 마련할 것인가 하는 것이 논의의 핵심 쟁점이었다. 사실 지금도 기후변화 문제가 논의될 때면 늘 이와 유사한 이야기들이 오고간다는 점을 생각하면 참으로 결론 내기 어려운 주제들이라 할 수 있다.

QELROs와 관련해서는 두 가지 이슈가 테이블 위에 올라와 있었다. 과연 국가별로 얼마나 언제까지 줄일 것인가 하는 문제가 하나였고, 개도국, 특히 온실가스를 많이 배출하고 있는 중국, 인도, 브라질 등을 포함한 주요 개도국들도 무엇이든 기여해야 하는 것 아니냐 하는 문제가 또 다른 하나였다. 특히 후자의 개도국 참여 문제와 관련해 미국은, "주요 개도국의 의미 있는 참여 없이 기후변화 대응 문제를 논하는 것은 의미가 없다"고 강력하게 주장하고 있었다. 이는 사실 앞서 상당한 지면을 할애해 설명한 'CBDR 원칙의

■ 기후변화협약 제4조(공약) 2항: 이러한 목적달성을 촉진하기 위해 당사자는 이산화탄소와 몬트리올의정서에 의하여 규제되지 않는 그 밖의 온실가스의 인위적 배출을 **개별적 또는 공동**으로 1990년 수준으로 회복시키기 위한 목적에서, (a)에 언급된 정책 및 조치에 관한 상세한 정보와, (a)에 언급된 기간에 이러한 정책과 조치의 결과로 나타나는 몬트리올의정서에 의하여 규제되지 않는 온실가스의 배출원에 따른 인위적 배출과 흡수원에 따른 제거에 관한 상세한 정보를 협약이 자기 나라에 발효된 후 6개월 이내에, 또한 그 이후에는 정기적으로 제12조에 따라 통보한다.

그림 1.4 **교토의정서 상의 QELROs**

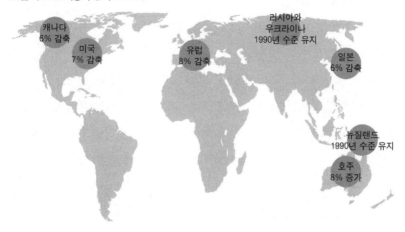

해석'에 대한 이야기로, 마치 1992년 6월의 리우회의 이전으로 시계를 돌려 놓는 모양새를 보이고 있었다. 당연하게도 이런 논의는 팽팽하게 의견이 맞서 특별히 진전되는 바도 없이 지루하게 이어지고 있었다.

그러나 앞서 이야기한 것처럼 고어 미국 부통령이 교토 회의장에 나타나면서 회의의 분위기가 급변하며, 먼저 선진국들이 배출하는 온실가스를 1990년 대비 EU -8%, 미국 -7%, 일본 -6%, 러시아 0%, 호주 +8%로 낮춰 평균 -5.2%를 줄이기로 극적 합의했다. 줄이는 기간은 2008~2012년의 5년간으로 정했다. 당시 미국의 고어 부통령은 환경문제에 관심이 많은 것으로 알려져 있었는데,[■] 교토에서의 활약상과 함께 이후 기후변화라는 이슈의 한가운데에서 모든 사람들이 주목하는 인물이 되었다.

■ 고어는 2000년 미국 대통령 선거에서 조지 부시 당시 텍사스 주지사에게 아깝게 패한 후, 본격적으로 기후변화 문제를 위한 다양한 활동을 벌였다. 2007년 환경보호를 위해 헌신한 공로로 IPCC와 함께 노벨평화상을 공동으로 수상했다. 또한 다큐멘터리 〈불편한 진실〉로 아카데미 다큐멘터리 상도 수상했다.

교토 서프라이즈

QELROs와 함께 교토에서의 중요한 협상 이슈는 선진국이 감축의무를 어떻게 달성하는가 하는 방법론에 관한 것이었다. 물론 기본적으로 국내 감축조치를 통해야 한다는 데는 이견이 없었다. 다만 기후변화 문제는 전 지구적인 사안이므로 온실가스를 줄이기 위한 노력을 꼭 자국 내에 한정할 필요는 없다는 미국을 중심으로 한 일부 국가의 주장에도 상당한 비중이 실려 있었다. 문제는 다른 국가와 개별 프로젝트를 통해 함께 온실가스를 줄여나가는, 기후변화협약서 제4조에 허용되어 있는 공동이행제도(JI)를 어디까지 인정할 것인가 하는 것이었다.[*] 미국은 이를 폭넓게 확대하여 감축의무 부담이 없는 개도국과의 협력사업도 인정해야 한다는 입장이었다. 참고로 미국은 개도국과 함께 이미 시범사업을 진행하고 있었고 이런 방법을 통해 시장중심적이고 비용 대비 효과적으로 지속가능한 '청정개발Clean Development'을 달성할 수 있다고 주장하고 있었다. 이에 반해 중국을 비롯한 개도국 대부분은 JI 추진 시 자칫 개도국의 향후 개발방식에 제한이 가해지는 부정적 효과가 발생될 우려가 있다는 이유로 이를 감축의무가 있는 선진국에 엄격하게 한정해야 한다는 의견이었다. 중간에 끼어 있던 EU도 미국보다는 개도국의 의견에 더 동조하고 있었다.

여기에 덧붙여 교토회의 6개월 전쯤에 브라질이, 선진국들이 감축의무를 달성하지 못할 경우 일정금액의(이산화탄소 톤당 10달러) 페널티를 부여하고 이를 바탕으로 '청정개발기금Clean Development Fund'을 만들어 개도국에 지원하자는 제안을 했고 이는 대부분 개도국의 전폭적인 지지를 받았다. 당연한 이야기지만 선진국들은 감축의무를 달성하지 못했을 경우 페널티를 부여한

■ 앞서 기후변화협약 제4조 2항의 강조 부분을 참고할 것.

다는 기본 접근에 절대 동의할 수 없다는 의견이었다. 이런 식의 선진국의 의무달성에 유연성을 부여하는 방법에 대한 이견과 개도국의 지원 문제가 한데 복잡하게 얽혀 있는 가운데 교토회의가 개막되었고, 회의 중반이 넘어가도록 아무런 실마리도 찾지 못하고 있었다.

이러던 중 감축의무를 지키지 못할 경우 어떤 조치를 취할 것인지에 대한 논의가 가까운 시일 내에 합의점을 찾는 것이 사실상 불가능한 것으로 판단되기 시작하자(이 문제는 지금까지도 논의가 계속되고 있다), 현실적으로 페널티를 받아서 청정개발기금을 만들자는 방안의 실효성에 의문이 제기되었다. 이후 협상은 선진국과 개도국 간의 협력사업과 기금의 문제가 함께 고려되는 방향으로 갑자기 속도를 내기 시작했다. 즉, 청정개발기금을 조성하여 개도국의 온실가스 감축사업을 지원하는 것이나, 선진국이 개도국의 온실가스 감축사업에 직접 투자하는 것이나, 사실상 그 효과가 같다는 혁신적인 접근법이 받아들여지면서 기금Fund은 체제Mechanism로 변신하여 '청정개발체제(Clean Development Mechanism: CDM)'라는 이름으로 정리되었다. 이는 결국 미국이 주장하는 '개별 프로젝트 기반의 선진국과 개도국 간 협력사업'과 사실상 그 맥을 같이하는 이야기였다. 이에 협상은 갑자기 탄력을 받아 본격적으로 논의가 시작된 지 48시간도 안 되어 개도국과 미국이 모두 만족하는 놀라운 결과가 나왔다. 당시 회의를 주관했던 아르헨티나의 에스트라다 의장은 이를 '교토 서프라이즈Kyoto Surprise[8)]'라고 부르며 스스로도 놀라움을 감추지 않았다.

여기에다 1980년대 산성비 문제를 해결하기 위해 질소산화물과 아황산가스를 대상으로 실시되어 성공을 거둔 바 있는 배출권거래제(ETS)를 온실가스에 적용하여, 미국에서 제안한 선진국 간 배출권거래를 허용하는 국제배출권거래제(International Emission Trade:IET)도 역시 합의되어 의정서에 포함되

그림 1.5 **교토메커니즘 개요**

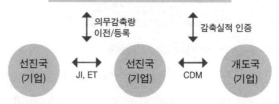

이었다. 이후 선진국 간의 협력사업인 공동이행제도(JI), 선진국과 개도국간의 협력사업인 청정개발체제(CDM), 그리고 국제배출권거래제(IET)의 셋을 일컬어 '교토메커니즘'이라 부르게 된다.

이런 우여곡절 끝에 1997년 12월 11일 당초 예정일을 하루 넘겨 교토의정서가 채택되었다. 이제 지구가 더워지는 것을 막는 국제사회의 행보가 본격적으로 시작되는 듯 보였다.

교토의정서의 문제

미국의 방황

　교토회의가 열리기 얼마 전인 1997년 7월 25일, 미국 상원은 '미국은 개도 국의 감축의무가 없는 어떤 의정서나 합의서에도 서명해서는 안 된다'는 결의안을 만장일치로 통과시켰다. 그 유명한 버드-헤이글Byrd-Hagel 결의안[9]이다. 이 때문에 미국의 클린턴행정부는 아주 곤혹스러운 상황에 빠져버렸다. 교토에서 미국은 고어 부통령이 참석하여 협상을 이끄는 등 적극성을 보여 극적인 합의를 이끌어내는 데 주도적인 역할을 했다. 특히 CDM을 비롯한 교토메커니즘은 전적으로 미국의 의견이 반영된 결과라 할 수 있었다. 그러나 상원의 결의안에 발목이 잡힌 클린턴행정부는 1998년 11월 12일 교토의정서에 서명을 했음에도 상원에 비준을 요청하지 못하고 차일피일 미루고 있었다. 그러다 2000년 미국 대통령선거에서 고어와 맞붙은 조지 부시George W. Bush 텍사스 주지사가 대통령에 당선되었다. 당초 선거기간 중에는 미국의 화력발전소에 대한 이산화탄소 총량규제를 공약으로 내걸었던 부시 대통령은 당선 후 태도를 완전히 바꿨다. 그러다 급기야 2001년 3월 말 부시행정

기후변화 관련 부시 전 미국대통령의 태도변화

✓ 2000.9.29: 대통령 선거 중 미국 내 화력발전소의 이산화탄소를 획기적으로 감축시키기 위해 총량을 규제하는 법안을 만들겠다고 공약.

✓ 2001.1.21: 제43대 미 대통령으로 취임.

✓ 2001.3.13: 발전소에 대한 이산화탄소 규제에 입장을 명확히 하라고 요구하는 척 헤이글Chuck Hagel 상원의원에게 보내는 편지에서, 부시 대통령은 '화력발전소에 강제적인 이산화탄소 규제 방안을 지지하지 않는다'고 천명.

✓ 2001.3.17: "우리는 교토의정서의 접근 방법을 지지하지 않는다." — 딕 체니Dick Cheney 부통령, MSNBC와의 인터뷰.

✓ 2001.3.27: "교토의정서를 실행하는 데 아무 관심이 없다." — 부시 행정부 환경장관, ≪뉴욕타임스The New York Times≫ 와의 인터뷰.

부는 "더 이상 교토의정서에 대한 논의를 지속하는 데 관심이 없음"[10]을 선언했다. 이 때문에 부시 대통령은 국제사회와 모든 환경 NGO의 비난의 대상이 되었다. 기후변화 문제와 관련해서 아마도 전 세계적으로 미국의 부시 전 대통령만큼 욕을 많이 먹은 사람도 없을 것이다.

국제사회에서 미국의 위치를 생각해볼 때, 교토의정서 논의에서 미국이 빠져나갔다는 사실은 단순히 일개 국가가 교토의정서에 반대하는 것 이상의 엄청난 파급효과를 불러일으켰다. 우선 그동안 각종 국제회의에서의 주도권이 주로 미국의 손에 있었는데, 이후 기후변화 문제와 관련된 이슈에서는 확연히 유럽을 중심으로 논의가 진행되는 결과가 나타났다. 일부에서는 교토의정서를 '국제정치에서의 유럽화 현상'의 대표 사례로 꼽기도 한다. 결국 이후 기후변화 문제의 논의는 EU 주도하에 EU 스타일대로 정리되어갔다.

그리고 미국의 퇴장은 교토의정서 실효성에 대한 많은 의문을 불러일으켰다. 그렇지 않아도 교토의정서상 감축의무를 지고 있는 국가는 미국을 포함해서 37개국에 지나지 않고 2010년 기준으로 전 세계의 이산화탄소 발생량의 44%만을 포함하고 있었는데, 여기서 18%를 차지하던 미국까지 빠져버리니 교토의정서 감축의무에 포함된 이산화탄소 배출 비중은 26%밖에 되지 않았다. 이에 따라 교토의정서는 출발도 하기 전부터 과연 이 방법대로 지구가 더워지는 것을 막을 수 있기는 한 것일까 하는 의문을 여기저기서 불러일으켰다. 미국이 있을 경우 향후 형성될 배출권거래시장에서 큰 수요자 역할을 했을 터이고, 배출권가격도 꽤 높은 수준일 가능성이 높았다. 결국 미국이 교토의정서에서 빠져나간 것은 QELROs와 함께 교토의정서의 양대 축을 이루는 교토메커니즘에도 대단히 부정적인 영향을 줄 수밖에 없었다.

이후 2009년 코펜하겐 당사국총회 때까지 미국의 방황은 계속되었다.

모든 협상은 정치적이다, 정치가의 숨은 짧다

우리는 예측과 전망의 홍수 속에 산다. 주가전망, 일기예보, 각종 경기전망 등등. 매년 연말이 가까워지면 모든 기업은 예외 없이 그해의 실적을 정산하고 이듬해를 예측한다. 산업화 초기의 경제개발 5개년계획에 익숙한 한국은 대개 5년 주기로 경제를 예측한다. 5년 단위의 각종 계획이 많은 것도 아마 이런 이유인지도 모른다. 에너지 쪽의 예측은 좀 더 호흡이 길다. 통상

10년은 기본이고, 전기 분야 같은 경우는 최소한 20년에 걸쳐 장기전원 개발계획을 만들고 이에 맞춰 각종 실행계획을 수립한다. 당연한 이야기지만 모든 예측이 늘 들어맞는 것은 아니다. 아니 맞지 않는 경우가 맞는 경우보다 훨씬 더 많다. 특히 예측기간이 길어질수록 정확성은 현저하게 낮아질 수밖에 없다.

어쨌든 이런 모든 예측은 미래의 불확실성을 최소화하기 위해 만들어지긴 하지만 사실 아무도 이런 예측이 딱 들어맞을 것이라고 기대하지 않는다. 다만 일종의 기본자료로 활용하고 필요할 때마다 수정·보완해나간다. 더욱이 예측이 틀렸다는 이유로 페널티를 물었다는 이야기는 한 번도 들어본 적이 없다. 경제성장률 예측이 틀렸다고 기획재정부 담당 공무원이 징계를 받았다는 이야기를 들어본 적도 없다.

1997년 교토에서 선진국의 2012년의 온실가스 감축목표가 정해졌다. 이를 정하는 데는 당연히 목표년도의 온실가스 발생량이 얼마인지를 먼저 예측해야 한다. 그다음에 온실가스를 줄이는 데 따른 비용이 얼마인지 평가하고, 얼마의 비용을 감당하는 것이 가능한지를 살펴보는 등의 복잡한 분석을 거쳐야 한다. 문제는 아무리 우리가 앞을 내다보는 혜안이 있고 열심히 노력한다고 해도, 경험에 의하면 15년 후의 국가의 온실가스 배출량 전망[■]은 맞을 수가 없다는 것이다. 혹 만에 하나 맞는다면, 그건 그냥 운이 좋아서일 뿐이다. 따라서 이를 기반으로 설정된 15년 후의 온실가스 감축목표 역시 부정확할 수밖에 없다.

....
[■] 교토의정서상에는 2008~2012년까지 5년간 선진국이 달성해야 하는 온실가스 국가감축목표가 정해져 있다. 따라서 최종년도 기준으로 보면 1997년 교토에서 감축목표를 정할 때는 15년 후의 국가 온실가스 배출량을 추정하고 이를 기준으로 감축목표를 정한 것으로 볼 수 있다.

이런 사실은 국가별 중장기 온실가스 감축목표를 대할 때 우리가 어떤 자세를 취할 것인가에 대해 중요한 점을 시사하고 있다. 즉, 이와 같은 중장기 목표는 우리가 끊임없이 참고하고 그것을 달성하기 위해 노력하는 지향점이긴 하지만, 마찬가지로 관련 여건이 변할 경우 이를 합리적으로 조정해나가는 유연성이 필요하다는 것이다. 한번 정한 목표는 하늘이 두 쪽 나도 지켜야 한다는 식의 공격적이고 저돌적인 자세는 일반기업에서 단기간의 성과달성을 위해 조직의 역량을 집중할 필요가 있을 경우에는 상당히 유용한 방법이긴 하지만, 중장기적인 국가의 목표를 다루는 데에는 그다지 적합한 접근법이라 보기 어렵다.

이런 사항을 모르지 않을 전문가들이 교토에 모여 무슨 생각에서 각국의 15년 뒤의 계량적 감축목표를 정하고 이를 지키지 못했을 경우 제재를 가하는 방식을 생각했을까? 온실가스를 줄이는 일을 하늘이 두 쪽 나도 수단과 방법을 가리지 말고 추진해야 할 최고의 우선순위를 가진 일로 생각하고 있었을까? 아니면 답을 내기도 쉽지 않은 이런 원론적인 이야기를 반복하기보다는 지금 우선 그럴듯한 결과를 내고, 15년 후면 아직 시간이 많으니 문제점은 나중에 천천히 생각해볼 요량이었을까?

사실 교토회의 초반에 많은 협상가들은 선진국들이 합의된 감축목표를 설정하는 것이 어려울 것으로 생각하고 있었다. 열흘간의 회의 첫 주만 해도 EU는 2010년까지 -15%로 줄이겠다고 하면서[*] 미국과 여타 국가들을 압

---

[*] 교토 당사국총회를 앞두고 열린 부속기구회의에서 EU를 대표하여 룩셈부르크는 1990년 기준으로 2005년까지 7.5%, 2010년까지는 15%를 각각 감축하는 계획서를 작성했다고 밝혔다. 이에 반해 일본은 2008년에서 2012년 사이 모든 선진국이 5%를 줄이자는 제안을 했다. "HIGHLIGHTS FROM THE MEETINGS OF THE FCCC SUBSIDIARY BODIES 22 OCTOBER 1997", Earth Negotiations Bulletin. http://www.iisd.ca/vol12/enb1259e.

표 1.5 국가별 온실가스 배출 감축목표의 변화

국가	협상 전	협상 후(2008~2012년)
EU	2010년까지 15% 감축	8% 감축
미국	1990년 수준으로 동결	7% 감축
일본	2008~2012년간 5% 감축	6% 감축

박하고 있었다. 이에 일본은 -5%를 목표로 내세웠고, 미국은 0%,[11] 즉 1990년 수준으로 동결하는 것을 목표로 제시하고 있었다. 그러던 것이 일주일도 채 지나기 전에 EU는 -8%, 미국은 -7%, 일본은 -6%씩 줄이기로 합의했다. 처음의 -15%, 0%, -5%는 어떤 의미의 숫자들이며 어디로 갔을까? 국가의 온실가스 감축목표라는 것이 협상에 의해 7%포인트씩 오르고 내릴 수 있는 것인가?

결국 교토에서 결정된 각국의 온실가스 감축목표는 앞서 이야기한 것처럼 합리적인 분석을 바탕으로 모두가 온실가스를 줄이기 위한 최선의 노력을 기울일 경우 달성 가능한 목표라기보다는 오로지 정치적 협상과 타협의 산물이었다고 할 수 있다.

현재 UNFCC 홈페이지에는 검증이 끝난 것은 아니지만 선진국들이 제출한 교토의정서 제1차 공약기간(2008~2012년) 중의 온실가스 배출량자료가 공개되어 있다. 이를 잘 살펴보면 그때 교토에서 한 결정이 얼마나 우스꽝스러운 것이었나를 잘 알 수 있다. 눈에 띄는 몇몇 국가를 살펴보면, 교토의정서를 과감하게 탈퇴한 캐나다의 경우 -6%를 줄여야 했는데 실제 온실가스를 24% 더 배출했다. 또한 온실가스 배출량 1, 2위를 중국과 다투고 있는

html 참고.

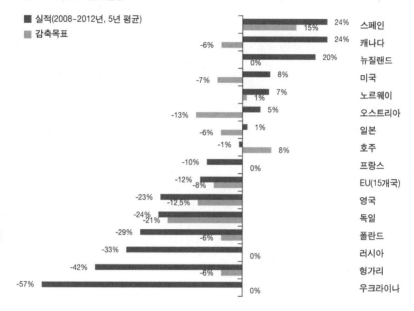

그림 1.6 QELROs 달성현황

■ 실적(2008~2012년, 5년 평균)
■ 감축목표

	실적	감축목표
스페인	24%	15%
캐나다	24%	-6%
뉴질랜드	20%	0%
미국	8%	-7%
노르웨이	7%	1%
오스트리아	5%	-13%
일본	1%	-6%
호주	-1%	8%
프랑스	-10%	0%
EU(15개국)	-12%	-8%
영국	-23%	-12.5%
독일	-24%	-21%
폴란드	-29%	-6%
러시아	-33%	0%
헝가리	-42%	-6%
우크라이나	-57%	0%

주: 미국은 교토의정서를 비준하지 않았고, 캐나다는 교토의정서를 탈퇴하여 감축목표가 의미가 없으나 설명의 편의상 표시했다. EU의 감축목표는 -8%이나 개별회원국의 감축목표는 EU 내에서 협상을 통해 별도로 결정했다. 이 그림에 표시된 EU 개별회원국의 감축목표는 이런 협상결과를 반영했다.

미국의 경우 비록 교토의정서를 비준하지 않아 목표 자체가 아무런 법적 구속력을 가지고 있지 않지만, 아니 목표 자체가 없지만, 1990년 대비 8%의 온실가스를 더 뿜어냈다. 만일 미국이 교토의정서를 비준했다면 그리고 교토에서 논의된 -7%라는 국가목표를 달성하려고 한다면 지금 당장 15% 이상의 온실가스를 줄여야만 된다는 얘기다(숫자만 놓고 보면 캐나다와 미국의 행동은 충분히 이해가 가는 점이 있다). 반면에 EU는 -12%를 줄여 -8%라는 감축목표를 무난히 달성했다. 그러나 자세히 살펴보면, 이는 주로 독일, 영국, 프랑스 덕분이며, 특히 우리가 청정국가로 알고 있는 노르웨이, 오스트리아, 스위스 등은 목표에 한참 미달했다. 뉴질랜드의 경우 목표는 0%였는데 실제

20%를 더 뽑아냈다. 가장 안타까운 나라는 일본이다. 그동안 그렇게 열심히 했음에도 실적치는 목표를 멀리 벗어났다.

러시아를 포함한 동구권을 살펴보면 더욱 놀라운 결과를 볼 수 있다. 러시아가 -33% 이상 줄인 것을 필두로 대부분의 국가가 -30% 이상씩 줄였다. 심지어 우크라이나의 경우 -57%라는 경이로운 감축실적을 보였다. 단순히 숫자만 놓고 평가한다면 교토의정서 이후 그동안 지구가 더워지는 것을 가장 걱정하고 이에 대응한 국가는 러시아로 대표되는 동구권이었고, 노벨평화상은 미국의 고어 부통령이 아니라 러시아의 푸틴Vladimir Putin 대통령이 수상했어야 마땅했다고 할 수 있다.

왜 이런 결과가 나온 것일까? 우선 러시아를 비롯한 동구권이 이렇게 높은 감축실적을 낼 수 있었던 것은 1991년 말 소비에트연방공화국이 해체되면서 맞은 극심한 경기침체와 함께 공산주의체제하에서 비효율적으로 유지되어오던 해당지역의 굴뚝산업이 거의 붕괴된 것이 주요인이었다. 즉, 그들이 온실가스를 줄이기 위해 엄청난 노력을 기울였기 때문이 아니라 교토의정서 채택 이후 소비에트연방공화국이 해체되면서 발생된 반사적 효과에 지나지 않았던 것이다.

온실가스 물타기, EU버블에는 핫에어가 잔뜩?

말 나온 김에 EU의 국가목표 이야기를 조금 더 하도록 하자. 교토에서 국가별 온실가스 감축목표를 논의할 당시의 EU 회원국은 동구권이 포함된 지금의 28개국이 아니라 서유럽의 15개국이었다. 그리고 그들은 EU를 기후변화협약상의 하나의 국가로 취급해달라고 요청했다. 즉, -8%를 줄이는데 이걸 EU 전체를 하나로 보고 목표달성 여부를 평가하자는 이야기였다. EU 내에서 어떻게 할 것인지는 자신들이 알아서 하겠다는 소리였다. 특별히 문제 될 이유는 없으니 모두 이에 동의했다.

이를 일컬어 EU버블EU bubble이라고 했다. 이 버블에 당연히 독일과 영국이 포함되어 있었다. 그런데 국가감축목표를 평가하는 기준년도인 1990년 10월에 동독과 서독의 재통합이 이루어졌다. 이후 공산주의하에서 비효율적으로 운영되던 옛 동독지역 대부분의 석탄 화력발전소와 에너지다소비 공장들은 경쟁력을 상실하고 문을 닫게 되었다. 이는 다른 동구권 국가들과 마찬가지로 통일 전에 구동독에서 발생한 대량의 핫에어가 그대로 통일독일의 국가목표 달성에 이용되었다는 것을 의미한다. 또 영국의 경우는 1980년대 중반에서 1990년대에 걸쳐 노후화된 석탄 산업이 몰락하게 된다. 그리고 때맞춰 북해에서 대규모 가스전이 개발되면서 에너지원의 급격한 변화[12]가 일어났다. 이에 따라 온실가스 배출량도 현저하게 감소되었다. 즉, 온실가스를 줄이기 위해 별도의 노력을 기울인 것이 아니라 여건 변화에 따라 석탄에서 가스로 에너지원의 급격한 전환이 일어났을 뿐이다. 온실가스를 줄이기 위해 특별한 노력을 들이지도 않았는데 발생되는 온실가스 감축량을 핫에어라고 부르는 점을 생각하면 이 또한 일종의 핫에어라 할 수 있다.

앞서 살펴보았던 EU의 QELROs 달성실적에서도 볼 수 있듯, 1990년 기준으로 독일과 영국 두 나라가 EU버블의 온실가스 발생량의 47%를 차지하고 있었음에도 EU버블 전체 온실가스 감축량의 90% 이상을 줄였다.[13] 물론 이는 동구권이나 러시아의 핫에어와는 의미가 다르다. 동구권의 핫에어는 현실을 반영하지 못하고 감축목표를 아주 낮게 설정하는 것 때문에 발생된 잉여 배출권을 의미하지만, 독일이나 영국의 핫에어(?)는 이를 감축목표 설정에 상당 정도 반영을 했다. 따라서 문제점을 더 정확하게 표현하면, 핫에어로 실제 목표달성을 위해 들여야 될 노력보다 훨씬 많은 노력을 기울이는 것처럼 보이게 만드는 '감축목표 착시현상'이라 할 수 있다. 따라서 협상 측면에서만 살펴본다면, 1997년 교토 회의장에서 -15%를 줄이겠다고 큰소리를 치며 다른 선진국들에 압박을 가하던 EU의 공격적인 자세에는 다름 아닌 핫에어가 잔뜩 끼어 있었다고 말할 수 있다. "내가 이만큼 줄이니 너도 좀 줄여봐!" 이게 EU의 협상전략이었다. 여기에 순진한(?) 고어가 넘어가서 대책없이 -7%를 줄인다고 덥석 약속해버렸다. 간혹 이런 생각이 든다. 만약 교토에서 미국이 지키지도 못할 약속을 하지 않았다면 교토의정서는 없었을 것이니, 어쩌면 더 현실적이고 실효성 있는 방법으로 기후변화 문제의 대응이 이루어지지 않았을까?

이제 EU는 다시 2020년까지는 -20%로, 아니 다른 국가가 열심히 노력하면 -30%까지 줄이겠다고 큰소리를 친다. -8%에서 -20%로. 얼마나 의욕적인 목표인가! 그러나 여기에도 또 다른 왜곡현상이 있다. 이는 2004년 폴란드, 헝가리, 체코 등이 EU에 가입하면서 잔뜩 가지고 온 엄청난 양의 핫에어가 전부 포함된 -20%이다. 그리고 이런 거품이 잔뜩 낀 숫자를 들고 다른 국가들을 교토에서와 똑같은 방법으로 또다시 압박하고 있다.[*]

EU버블을 이야기하면서, 'EU가 함께 노력을 하고 있다'기보다는 '함께 거품을 일으키고 있다'는 생각이 드는 것은 왜일까?

왜곡되는 국가감축목표

물론 EU의 온실가스를 줄이기 위한 노력을 낮춰 볼 생각은 없다. 그러나

---

[*] EU는 코펜하겐어코드에 따라 2020년 온실가스 감축목표 20%를 UN에 제시, 여타 선진국이 상응하는 노력을 하고 개도국들이 적절한 기여를 한다면 30%까지 상향 조정할 수 있다고 밝혔다. http://unfccc.int/meetings/copenhagen_dec_2009/items/5264.php 참고.

표 1.6 코펜하겐어코드에 따른 주요국의 2020년 온실가스 감축목표

국가	기준년도	감축목표
일본	1990년	25% 감축(개도국의 동참 전제)
미국	2005년	17% 감축(1990년 대비 4% 감축)
호주	2000년	5~15% 감축(전 세계 감축의무 참여 시 25% 감축)
EU	1990년	20% 감축(전 세계 감축의무 참여 시 30% 감축)
러시아	1990년	15~25% 감축
중국	2005년	배출집약도 40~45% 감축
인도	2005년	배출집약도 25% 감축
브라질	BAU 대비	36~39% 감축(선진국 지원 전제)
한국	BAU 대비	30% 감축

의도적이든 어쩌다 이런 분위기가 형성되었든, 다른 국가들은 감축목표치에 대해 제대로 말도 못 꺼낸다. -5%, -10%로 줄이겠다고 하면 거의 몰매 맞는 분위기다. 하물며 어쩔 수 없이 온실가스가 늘 수밖에 없다고 이야기하는 건 자살행위나 다름없다. 그러니 모두 국가감축목표 설정에서 -20%, -30%라는 숫자에 집착한다. 수단과 방법을 가리지 않고 숫자를 만든다. 가장 흔한 방법으로는 기준년도를 가장 유리한 해로 설정하는 것이 이용된다. 2000년, 2005년 등이 주로 사용되는 해다. 아마 그때 온실가스 발생이 가장 많았던 모양이다. 절대적 감축목표 대신 한국처럼 배출전망치(Business as Usual: BAU)를 기준으로 줄이겠다고 이야기하는 것도 흔히 쓰는 방법이다. 아니면 중국처럼 원단위를 들고나오든가,■ 심지어 '선진국이 도와준다면'이란

■ 중국은 코펜하겐어코드에 따라 GDP 대비 이산화탄소 원단위를, 2020년에는 2005년 대비 40~45%까지 감축하는 자발적 목표를 UN에 제시했다. http://unfccc.int/meetings/

표 1.7 EU의 장기 온실가스 감축목표

2012년까지	2020년까지	2030년까지
• 8% 감축 • 교토의정서상 감축목표	• 20% 감축 • 여타 선진국과 개도국의 노력이 있을 경우 30%까지 가능	• 40% 감축 • 배출권거래제로 26%, 기타 조치로 14% 감축

전제도 등장한다. 여하튼 가능한 한 숫자를 키운다. 이건 마치 뜯는 순간 팍 쪼그라드는 질소가 잔뜩 들어간 과자봉지를 보는 것 같다.

후쿠시마 원전사태로 중장기 에너지믹스에 심각한 교란현상이 발생한 일본이 19차 당사국총회가 개최되고 있던 폴란드 바르샤바에서, 이런저런 사정을 감안해볼 때 당초 약속한 2020년까지 1990년 대비 -25%는 어렵고, 기준년도를 2005년으로 해서 -3.8%로밖에는 못 줄이겠다고 용감하게 이야기했다. 칸쿤에서 교토의정서를 죽일 때도 그러더니 일본이 점점 과감해지는 모양이다. 하여튼, 그러자 모든 언론과 NGO가 나서서 맹비난을 퍼부었다.[14] 점잖은 협상가들도 "실망스럽다"는 말들을 쏟아냈다. 아마도 원자력 발전이라는 옵션이 사라지자 일본으로서는 화석연료를 사용하는 화력발전을 늘리지 않을 방법이 없었을 터이고, 그러니 아무리 이리저리 재봐도 당초 약속을 지키는 것은 불가능했던 모양이다. 그러나 아무도 이런 사정은 크게 신경 쓰지 않고, 다만 -25%에서 -3.8%로 바뀐 숫자만 놓고 비난을 쏟아냈다. 물론 일본이 국가감축목표 변경을 발표한 타이밍도 최악이기는 했다. 그때는 마침 전무후무한 태풍 피해를 입은 필리핀 대표가 당사국회의장에서 선진국들의 더욱 적극적인 자세를 촉구하며 "의미 있는 결과가 나올 때까지 단식하겠다"[15]고 선언하여 그 어느 때보다 분위기가 냉랭했다.

---

cop_15/copenhagen_accord/items/5265.php 참고.

교토의정서 방식의 국가목표 설정, 과연 정의로운가?

교토의정서에 정의된 방법처럼 '국가목표를 얼마로 했느냐? 이를 달성했느냐 아니냐?'로 해당국가가 온실가스를 줄이기 위한 노력을, 특히 추가적 노력을 얼마나 열심히 했는가 여부를 평가하는 것에는 정말 많은 무리가 따른다. 일본의 경우를 살펴보면 이런 현상을 더 극명하게 볼 수 있다. 우리가 잘 알다시피, 그리고 앞서 기술했던 것처럼 전 세계에서 온실가스를 줄이기 위해 가장 많은 노력을 기울이고 에너지절약을 가장 잘하는 나라로 일본을 꼽는 데 이견을 내놓을 사람은 많지 않을 것이다. 따라서 온실가스를 가장 합리적으로 뿜어내는 국가 역시 일본으로 볼 수 있다. 결국 세계 각국은 일본을 모델 삼아 에너지도 공간도 합리적으로 사용하는 방법을 배워야만 한다.

그런 일본이 통계상으로 국가목표 달성이 만만치 않아 보이고, 또 그런 이유로 여기저기 NGO로부터 비난을 받는다. 반면 러시아에 대해서는 온실가스를 줄이는 노력을 기울이지 않는다고 비난하는 사람들이 아무도 없다. 실제 러시아는 온실가스를 줄이는 노력을 기울인 흔적이 그리 보이지 않는데 말이다. 이게 과연 제대로 된 일일까? 이러자고 교토에서 그 많은 사람들이 모여 밤새 협의를 한 것인가? '교토의정서상의 온실가스 감축목표를 달성했는가를 가지고 해당국가의 온실가스 감축노력을 평가하는 것이 옳은 일인가?' 하는 의문이 드는 이유이다. 이는 결국 우리가 교토에서 과연 옳은 결정을 한 것인가를 돌아보게 만드는 이유이기도 하다.

국가의 목표를 정하고 이를 지키지 못하면 페널티를 부여하는 교토의정서의 접근 방식. 정말 다시 한 번 깊이 생각해보지 않을 수 없다.

CDM 보난자

2004년 6월 경기도 용인 수지에 위치한 에너지관리공단 4층 회의실에 프랑스에서 온 다국적 기업인 로디아Rhodia 사의 관계자들과 에너지관리공단의 관계자들이 모여, 프랑스 측에서 준비해 온 샴페인을 터뜨렸다. 10개월 이상 끌어오던 로디아 사의 울산공장에서 발생되는 대표적인 온실가스인 질소산화물(N_2O) 처리시설을 설치하는 공동투자의향서에 함께 사인한 것을 기념하기 위한 샴페인이었다. 그 투자의향서는 로디아 울산공장의 CDM 사업에 대한 한국 정부의 승인서를 받는 데 필요한 마지막 절차였다. 이렇게 연간 온실가스 감축량이 1,000만 톤에 이르는 세계 최대 규모의 CDM 사업이 그 첫발을 내디뎠다. 1,000만 톤이면 유럽의 작은 나라 룩셈부르크가 1년 동안 뿜어내는 이산화탄소 양과 거의 맞먹는 규모였다.

이런 로디아 울산공장의 CDM 사업은 원자재 가격 상승과 수요 부진으로 적자를 면치 못하던 로디아 사를 단숨에 흑자로 만들었다. 한국과 브라질에 소재한 공장에서 추진한 CDM 사업으로 연간 4억 유로의 수익이 기대되며, 투자수익률이 물경 2,000%[16]에 이를 것으로 알려지면서 주식시장에서 로디아 사의 주가도 초강세를 보였다. 당시 사람들은 이를 CDM 보난자(노다지)라고 불렀다.

노다지가 있는 곳에는 당연히 사람들이 몰릴 수밖에 없고, 이후 전 세계 CDM 사업은 폭발적으로 증가했다. 지금 전 세계에는 6,500개소 이상의 CDM 사업이 진행되고 있으며[17] 연간 8억 톤의 배출권이 만들어지고 있다. 이제 개도국에서 누군가가 신재생에너지 사업을 하거나 쓰레기 매립장을 조성할 경우, 이를 CDM 사업으로 디자인할 수 있는지 사업 초기단계에서부터 자연스럽게 검토하게 되었다. 그리고 CDM 사업으로 할 경우 만들어지는 배출권 판매로 생기는 추가적인 수익은 해당사업의 경제성 분석 시 함께 고려된

표 1.8 **로디아 울산공장 CDM 사업 개요**

프로젝트명	사업 참가자	사업내용 및 승인 현황
로디아 폴리아마이드 N_2O 분해사업	로디아 본사(프랑스), 일본 로디아 사	• 나일론, 폴리우레탄 제조 원료로 사용되는 아디핀산 생산 시 발생되는 이산화질소를 열분해하여 제거하는 사업. • 연간 915만 톤 CO_2 감축. • 2005년 11월 UN 등록 완료.

다. 이런 결과들은 1997년 교토에서 협상가들이 CDM을 처음 디자인하며 예상했던 수준을 훨씬 뛰어넘는 아주 놀라운 성과라 할 수 있었다.

온실가스를 뿜어내면 돈을 번다?

그러나 얼마 지나지 않아 많은 문제가 드러난다. CDM은 일부 작은 몇 개의 프로젝트를 한꺼번에 묶어서 추진[18]하기도 하지만, 대부분의 경우 개별 프로젝트로 추진된다. 따라서 CDM을 추진하려면 기본적으로 이미 온실가스를 배출하는 사업이나 앞으로 온실가스를 배출할 사업을 필요로 한다. 그 것도 가능한 한 많이 뿜어내고 있거나 뿜어낼 예정인 사업이. 그래야 줄일 것이 많아지고 결국 CDM 사업의 사업성이 좋아지기 때문이다. 이러다 보니 온실가스를 그동안 많이 배출하여 지구온난화에 책임이 큰 사람 또는 기업이 CDM 사업을 통해 돈을 버는 웃지 못할 상황이 생겨버렸다. 주로 다국적기업들이 이에 해당하는데, 그동안 이런저런 이유로 온실가스가 대규모로 발생하는 대형 공장들을 개도국에 세운 기업들이 CDM 사업을 통하여 돈을 버는, 어떤 면에서는 대단히 불공정한 사태가 발생된 것이다. 결국 정의의 문제[19]가 일부 NGO들을 중심으로 제기되기 시작했다.

개별 프로젝트 차원보다 더 큰 문제가 국가적인 차원에서도 발생했다.

그림 1.7 전 세계 CDM 사업 현황

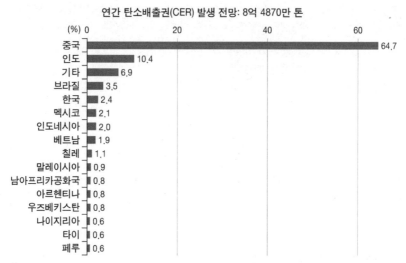

연간 탄소배출권(CER) 발생 전망: 8억 4870만 톤

자료: UNFCCC.

즉, 개도국 중 온실가스를 대량으로 배출하고 있는 중국, 인도, 브라질 등을 중심으로 CDM 사업이 급격히 편중되었고, 아프리카 등 실질적으로 온실가스 감축을 위한 재정적·기술적 지원을 필요로 하는 지역은 철저히 외면당하는 사태가 발생했다. 일부에서는 이를 빗대서 CDM을 'China Development Mechanism(중국 개발 메커니즘)'이라 얘기하기도 했다. 이는 CDM이라는 시장 지향적이고 민간기업 지향적인 지원 방법론이 정립되는 순간 이미 예견할 수 있는 사태였다고 할 수 있다. 즉, 돈이 되는 곳에는 기업이 몰리지만 그렇지 않은 곳은 쳐다보지도 않는 아주 자연스러운 상황이 벌어졌다. 오히려 일부 프로젝트에서 나타난 CDM 노다지 현상은 CDM에 대한 왜곡된 시각을 형성하여, 애초 CDM 설계의 기본 취지는 사라지고 부나비처럼 돈을 좇는 수많은 브로커들이 설치고 다니는 모습이 나타나게 되었다.

그림 1.8 **국가별 CDM 사업등록 현황**

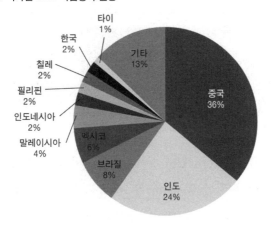

이에 일부 NGO들은 격하게 CDM의 문제점을 지적하며 "CDM 자체를 폐지하거나, 최소한 심각한 구조적인 문제점과 시행상의 문제를 해소할 때까지 크레디트 발생을 중지해야 한다"[20]고 주장하고 나섰다. 더 나아가서 선진국이 개도국에 '기후부채Climate Debt'를 지고 있다고 주장하며 기후부채를 갚을 새로운 시스템, 즉 현금을 직접적으로 개도국에 지원하는 방법을 마련할 것을 강력하게 촉구하기도 했다. 이런 CDM의 문제는 교토메커니즘 전반에 대한 불신을 가져왔고, 기후문제 대응에 선진국의 민간섹터가 참여하는 데 대단히 부정적인 영향을 미치게 되었다. 급기야는 2013년 폴란드 바르샤바 당사국총회에서, "기후는 매력적인 사업기회가 아니다. 금융, 보험, 탄소시장 그리고 민간자본의 직접투자 등을 통해 선진국의 감축의무를 개도국에 전가시키지 말라"는 볼리비아 대표의 극단적인 발언까지 나왔다.

여기에 덧붙여 CDM에는 자체적으로 심각한 구조적 문제가 있었다. CDM 사업의 타당성은 주로 사업결과 발생되는 온실가스 감축량과 이것의 판매를 통한 수익에 좌우된다. 배출권 판매수익은 국제 탄소시장에서의 탄

표 1.9 CDM 사업기간

CDM 사업에서 발생된 온실가스 감축실적은 다음 중 하나를 선택하여 사업계획서에 명시	• 베이스라인 갱신 없을 경우: 최대 10년
	• 베이스라인 갱신할 경우: 1회당 최대 7년(2회갱신, 최대 총 21년 가능) * 단, 갱신 시 CDM 운영기구가 베이스라인의 유효성 또는 새로운 베이스라인의 사용에 대한 승인 필요

소가격에 따라 변한다. 그런데 그간의 실적을 보면 이 탄소가격 변화의 폭이 생각보다 훨씬 크다. 따라서 CDM 사업의 사업성도 이에 따라 춤을 춘다. 즉, 사업의 리스크가 아주 크다. CDM 사업은 보통 사업기간이 단 10년에서 최장 21년에 이르는 아주 사이클이 긴 사업인데, 이것의 타당성이 유동성이 대단히 큰 탄소시장만 오로지 의존하게 된다는 점이 근본적인 문제였다. 물론 탄소시장이 좋을 경우에는 아무런 문제 될 것이 없다. 열심히 사업을 하면 된다. 또 처음부터 탄소시장이 바닥을 치고 있어도 최악의 경우는 면할 수 있다. 아예 사업을 시작하지 않으면 되기 때문이다. 문제는 요즘처럼 처음에는 시장이 좋다가 갑자기 나빠질 때 있다. 특히 사업의 타당성이 사라질 정도로 시장이 나쁠 경우에는 어떻게 해볼 방법이 없다. 결국 처음에는 노다지가 발생된 몇몇 사례에 의한 착시현상으로 많은 기업과 브로커가 CDM 시장에 뛰어들었으나 얼마 지나지 않아 이는 일부 특수 사례에 지나지 않는다는 사실을 깨달았다. 따라서 유럽의 탄소시장이 극히 약세를 보이기 시작하면서 사람들은 모두 보따리를 싸기 시작했다.

결국 CDM이 안고 있는 구조적 문제와 주변 여건의 변화 등이 함께 그 실체를 드러내면서 CDM은 침몰 직전의 위기에 처하게 되었다. 이는 최초의 CDM을 디자인한 기본 목적인 '선진국이 개도국에 대한 재정적·기술적 지원을 활성화 한다'는 취지가 더 이상 유효하지 않게 되었다는 것을 의미한다. 2013년 들어서며 UNFCCC에 등록되는 CDM 사업 건수가 현저히 줄어든 것도 이런 이유에서이다. 그마저도 그동안 계획되었던 사업들이 관성에 의해 그냥 지속되는 것이지 순수한 의미의 새로운 CDM 사업은 이제 거의 자취를 감추었다고 할 수 있다.

이는 굉장히 큰 문제를 야기하고 있다. 만약 CDM이 없었다면 온실가스 감축을 위해 이런저런 방법을 통해 선진국에서 개도국으로 상당한 정도의 보조가 있었을 것이다. 그런데 CDM이 등장하며 그런 국제 보조가 현저히 줄어든 상황에서 CDM마저 특정 국가에 편중되다가, 현재는 제대로 작동조차 되지 못하고 있다. 결국 개도국에 대한 국제적 지원이 급격히 축소되는 결과를 가져온 셈이 되어버렸다.

교토의 반작용, 코펜하겐

이미 새로운 패러다임은 더 이상 새롭지 않게 되었다

미국이 빠져나가 사실상 반쪽이 되어버린 데다가 기본적으로 안고 있는 접근 방법상의 하자가 있었음에도, 교토의정서가 만들어질 때까지의 일련의 과정은 전 세계에 기후변화의 문제에 그때까지와는 비교할 수 없을 정도로 많은 관심을 불러일으키는 긍정적 효과를 가져왔다. 교토의정서가 있기 전에는 생각하기도 어려운, 온실가스를 줄인 실적을 팔 수 있는, 그래서 잘만 하면 돈을 벌 수도 있는 시절이 도래한 것이다. 이제 바람이 잘 부는 곳에서는 어디서나 풍력 발전기를 볼 수 있으며, 태양광 발전 패널도 쉽게 찾을 수 있는 시대가 되었다. 관련 산업도 덩달아 커져 예전에는 중소기업 수준을 면치 못하던 신재생에너지 산업에 지금은 내로라하는 대기업들이 속속 참여하고 있기도 하다. 물론 이런 일들이 전적으로 기후변화협약의 효과라고 이야기하는 건 무리일 수 있다. 그러나 최소한 기후변화협약이라는 새로운 국제규범이 만들어지고 논의되는 전반적인 분위기가 큰 역할을 했다는 것은 분명한 사실이다.

표 1.10 전 세계 신재생에너지 설비 용량

(단위: GW)

구분	풍력	태양광	태양열
발전용량	283	100	2.5

자료: REN21. 『2013 재생에너지 현황 보고서』.

이미 우리는 지금까지 익숙하지 않던 새로운 시대에 들어와 있다. 남은 것은 교토의정서를 고칠 것인지 아니면 바꿔버릴 것인지의 문제뿐이다. 2010년 11월 30일 칸쿤에서 일본의 주장은 고치지 말고 바꾸자는 것이었다. 그런데 '일본이 왜 그런 직설법을 썼을까?'는 아직도 의문이다.

코펜하겐에는 오바마와 원자바오가 있었다

2009년 개최된 15차 당사국총회 둘째 주의 코펜하겐 벨라센터는 수용 가능 인원을 훌쩍 넘는 인파가 일시에 몰려 북새통을 이루고 있었다. 날씨조차 스산하게 구름이 잔뜩 끼어 눈발이 날렸고, 고위급 회의가 열리고 있는 회의장에 입장하기 위한 줄이 길게 늘어서 언제 들어갈 수 있을지 알 수 없었다. 나중에 얘기를 들어보니 6시간 이상 기다리는 것은 보통이었다고 한다. 심지어 10시간 가까이 기다리고도 결국은 회의장에 입장하지 못하는 일도 있었다고 한다. 또 경호 문제 때문인지 숙소와 회의장을 연결하는 셔틀버스는 회의장을 지나쳐 멀리 떨어진 전철역에 사람들을 내려놓았다.

이런 바깥의 난장판을 아는지 모르는지 미국의 오바마 대통령은 거의 원맨쇼에 가까운 활약을 보이고 있었다. 그 옆에 중국의 원자바오 총리가 함께 있었다. 이제 "미국과 중국, G2만 있으면 되네" 하고 사람들은 수군거렸다. "회의장 안에 들어오면 193개국이 있지만, 밖에 나가면 두 초강대국 리

코펜하겐 당사국총회 회의
장 입구의 모습. 이렇게 줄
을 서고도 못 들어간 사람
들이 있었다.

자료: https://www.chinadialogue.net/blog/3391-Wishing-Copenhagen-would-warm-up/en

더 간의 대화가 있을 뿐이다"[21]라며 관계자가 이야기했다고 ≪워싱턴포스
트The Washington Post≫ 지는 전했다.

코펜하겐에서 핵심 논의는 두 가지로 요약될 수 있다. 첫 번째는 교토의
정서에서 정한 선진국의 계량적 감축의무를 어떻게 이어갈 것인가 하는 것
이고, 두 번째는 개도국의 능력 형성을 어떻게 지원할 것인가 하는 문제였
다. 그리고 그 바탕에는 기후변화협약의 기본원칙, '공동의 차별화된 책임의
원칙(CBDR)'의 해석에 관한 입장 차이를 어떻게 좁힐 것인가 하는 근본적인
과제가 깔려 있었다. 이 입장 차이를 좁히는 논의의 중심에 오바마 대통령
과 원자바오 총리가 자리해 있었고, 당연히 모든 사람들의 관심의 초점이 되
었다. CBDR에 관한 미국의 입장은 사실 미국이 교토의정서에서 빠져나가
면서 보여준 것에서 전혀 변한 바가 없었다. 오바마 대통령은 기자회견을
통해 당사국을 선진국, 신흥개도국Emerging Countries, 최빈국의 세 그룹으로
분류했다. 특히 중국, 인도, 브라질, 남아공 등을 거명하며 선진국과 반드시
같은 정도는 아닐지라도 신흥개도국도 책임이 생기기 시작했다는 것을 인

식하는 것이 중요하다고 언급함으로써 CBDR에 대한 미국의 입장을 재확인했다. 이런 의미에서 본다면, 사실 자리를 박차고 나갔느냐 아니면 자리는 지키면서 계속해서 꾸준히 설득을 하느냐의 차이일 뿐 기후변화 문제를 보는 기본 시각에는 부시 전 대통령이나 오바마 대통령이나 큰 차이가 없다고 할 수 있다.

그리고 발리에는 NAMA가 있었다

CBDR의 해석과 관련해서는 이미 2007년도 인도네시아 발리의 당사국총회에서 의미 있는 결정이 이루어졌다.

당연히 미국은 발리에서도 QELROs와 CBDR에 대한 강한 불만을 표시했다. 당초 회의에서는 2050년까지 온실가스를 50% 줄이자는[22] 논의가 진행되고 있었고, EU는 2020년까지 -25~-40% 수준의 감축목표를 제시하고 있었다. 그러나 미국의 강력한 반대로 이런 구체적인 감축목표들은 모두 제외되었다. 여기에다 미국은 회의 막바지에 온실가스 감축책임을 지는 국가들을 현재의 선진국/개도국 구분에서 온실가스 배출량과 에너지 사용량 그리고 개발수준을 감안하여 재분류하자는 새로운 제안을 함으로써, 그렇지 않아도 너무 냉방이 잘되어 썰렁한 회의장을 완전히 얼려버렸다. 물론 이런 제안은 모든 개도국과 NGO, 심지어 EU로부터도 강력한 반대에 부딪혔다. 마치 미국 대 그 외 국가 간의 다툼의 장[23]이 형성된 것 같은 모양새였다.■

■ 발리에서 미국이 이런저런 의견을 내며 막바지까지 협상을 지연시키자 파푸아뉴기니 대표가 초강력 발언을 해서 장내의 박수를 받았다. 이 발언은 당시 미국이 얼마나 궁지에 몰려 있었는지를 상징적으로 보여준다.
"'리드할 생각이 없다면 비켜나라'는 오래된 이야기가 있습니다. 미국에게 묻고 싶습니

결국 미국은 뒤로 물러설 수밖에 없었지만, 이런 미국의 공격적인 협상자세는 의미 있는 성과를 가져왔다. 개도국도 무엇인가를 하기로 한 것이다. 즉, 교토의정서에서 빠져나와 있던 미국을 포함한 모든 선진국들은 '계량화된 온실가스 감축목표를 포함한 국가적으로 적합한 감축공약과 행동'을, 개도국의 경우는 선진국의 지원하에 '국가적으로 적합한 감축행동(Nationally Appropriate Mitigation Action: NAMA)'을 종합적으로 추진해나갈 것을 결의했다. 적지 않은 사람들이 발리에서 채택된 발리로드맵은 2009년까지의 논의 의제와 일정을 정한 것이 전부인 것처럼 이야기한다. 그러나 비록 '선진국들의 지원'이라는 조건이 붙기는 했지만, 개도국들이 온실가스 발생을 억제하기 위한 '국가적으로 적절한 감축행동'을 하기로 합의했다는 사실에는 큰 의미가 있었다. 개도국들이 기후변화협약을 논의하는 공식회의에서 "우리한테 뭐라 그러지 마시고, 온실가스를 줄이는 일은 선진국이 먼저 알아서 하십시오" 하는 자세에서 약간이나마 물러서서, 사실상 처음으로 의미 있는 무엇인가를 하겠다고 합의한 것이다. CBDR의 해석에서 선진국, 특히 미국과 개도국 간의 넘어설 수 없을 것 같던 격차가 드디어 약간씩이나마 좁혀지는 징후를 보이기 시작했다.

이 NAMA가 코펜하겐에서는, 개도국은 2010년 1월 31일까지 유엔 기후변화협약 사무국에 온실가스 감축계획을 보고하는 것으로 진화되었다. 전적으로 자발적이기는 하지만, '계획을 만들어서 보고'하는 단계까지 슬금슬금 와버렸다. 이에 대한 보상차원으로 보기에는 무리가 있긴 하지만, 선진국들이 2020년부터는 매년 1,000억 달러 수준으로 개도국에 대한 지원을 확

다. 우리는 미국의 리더십을 요구합니다. 미국의 리더십을 찾고 있습니다. 그러나 어떤 이유로든 리드할 생각이 없다면, 우리한테 맡겨두십시오. 제발, **방해하지 말고 비켜나십시오**(get out of the way)."

대하기로 합의했다.

새로운 접근법, 공약과 검토

이와 함께 선진국의 법적 구속력 있는 온실가스 감축목표(QELROs) 역시 많은 변화를 겪었다. 우선 2020년 선진국의 목표가 법적 구속력 있는 것에서 '자발적인 목표설정'으로 바뀌었다. 여기서 또 반걸음쯤 더 나아가, 코펜하겐 정상회의에서는 '감축목표'라는 용어 대신 2020년의 '계량화된 경제 전반의 배출목표quantified economy-wide emissions targets'를 정하는 것으로 미묘하게 변화되었다. 많이 줄이는 것이 아니라 적게 뿜어내겠다는 의미로 볼 수 있는데, 작지 않은 뉘앙스의 차이가 있다고 할 수 있다. 감축목표를 정하는 것에는 '온실가스를 많이 뿜어내는 것은 옳지 못한 일'이라는 의미가 암묵적으로 있다고 할 수 있다. 반면에 배출목표를 정하면 '온실가스를 배출하는 것은 어쩔 수 없는 것이고, 문제는 이를 어떻게 합리적으로 적게 뿜어내도록 노력할 것인가이다'라는 느낌이 강하게 묻어 있다. 비록 코펜하겐 이후 다시 감축목표로 환원되기는 했지만 꽤나 주목할 만한 변화였다고 할 수 있다. 여기서 더 나아가 더반 당사국총회에서는 이를 의무commitment라는 용어 대신 공약pledge이라는 용어로 되받으면서 이런 목표들이 법적 구속력이 없음을 분명히 했다.[*] 결국 앞서 교토의정서의 문제점을 이야기할 때 지적한 것처럼 QELROs가 안고 있는 근본적인 문제점을 극복하는 방향으로 협상이 흘러갈 가능성을 본격적으로 보여주었다.

■ 더반 당사국총회 결정문 서문 두 번째 문장에서, 현재 선진국들이 제시하고 있는 감축공약이 평균 온도 상승을 2°C 이내로 제한하는 데 많은 차이가 있음을 지적하는 과정에서 'pledges'라는 용어를 사용했다.

오바마 대통령은 코펜하겐을 떠나기 전에 열린 기자회견을 통해 애써 투명성을 강조하면서, 이런 목표는 "법적인 구속력은 없으나 당해 국가가 국제사회에 그들이 무엇을 하고 있으며, 누가 목표를 달성하고 누가 못하는지를 알 수 있다는 점에서 의미가 있다"[24]고 밝혔다. 결국 교토에서의 법적 구속력을 가지는 계량적 감축목표가 코펜하겐에서는 각국이 법적 구속력 없이 감축목표를 공약하고 이를 국제사회가 검토Pledge & Review하는 방식으로 전환되었다. 많은 사람들이 이를 퇴보한 것이라 비난했다. 그러나 핫에어가 잔뜩 낄 수밖에 없는 QELROs와 투명성이 확보된 공약과 검토 중에 과연 어떤 것이 더 우리가 온실가스를 줄이는 데 효과적이냐 하는 것은 생각해볼 여지가 상당히 많다고 할 수 있다.

교토의 반대편에 코펜하겐이 있었다

코펜하겐에서 세계 정상들이 모여 논의한 결과가 지극히 실망스러운 정치적 제스처만 난무한 속 빈 강정이냐, 아니면 그나마 엉켜버린 국제사회의 기후변화 대응을 위한 체계 구축의 실마리를 푼 것이냐에 대한 평가는 차치하고 한 가지 사실은 분명했다. 미국이 드디어 논의의 중심에 들어왔고 앞으로의 접근은 미국의 방식대로 미국의 입맛에 따라 정리될 가능성이 대단히 높아졌다는 점이다. 앞서 오바마 대통령이 기자회견에서 밝힌 것처럼, 앞으로 기후변화의 대응에서는 더 이상 교토 방식이 유효하기는 어려워졌다. 법적 구속력이 있는 계량적 감축목표를 설정하는 것은 현실적으로 한동안은 기대하기가 어렵다고 봐야 할 것이다. 이제 더 이상 선진국과 개도국을 양분하여 기후변화 대응에서 선진국이 우선해야 한다는 교토 방식은 유지되기 어렵다. 그 대신 선진국, 신흥개도국, 최빈국으로 분류하여 선진

표 1.11 **교토의정서와 코펜하겐어코드 비교**

구분	교토의정서	코펜하겐어코드
기본성격	•결정(Decision)	•결정이 아닌 부록과 같은 형태
도출과정	•당사국총회 공식 인증 절차에 따름	•일부 국가들 간의 비공식 논의
의무준수체계	•법적으로 구속함(Legally Binding) •목표: 구속적 목표 •달성여부: 배출량 vs. 배출권 •미준수 시 패널티 조항 포함	•Pledge & Review •국가별 차별적 의무 이행 약속 •달성여부: 아직 구체적 방법은 제시되지 않음 •미준수 시 조치사항 미포함
메커니즘	•교토메커니즘을 활용한 비용 대비 효율적인 감축여건 마련 •CDM, JI, ET 등	•교토메커니즘의 지속 여부 결정 사항 없음 •REDD 등의 신규 메커니즘 도입 논의
재정지원	•교토메커니즘을 이용한 온실가스 감축 기술 및 자금 지원 방식.	•공식적인 지원 펀드의 신설 •2020년까지 1,000억 달러 자금 조달 및 개도국 지원

국은 공약과 검토 방식으로, 신흥개도국은 이에 걸맞은 적당한 책임을 지는 방향으로, 그리고 최빈국을 위해 능력 형성과 적응을 위한 지원방안을 마련하는 쪽으로 접근하는 것이 유효해졌다. 최빈국 지원을 위해 필요한 재원은 선진국들이 적절히 분담하여 전용 펀드를 만드는 방식으로 결정되었다. 이것이 미국 오바마 대통령이 코펜하겐에서 적극 주장한 방법이고 참여한 정상들 중 일부를 제외하고는 모두 동의한, 바로 코펜하겐어코드에 담겨 있는 내용이다.

사실 그동안 교토 방식으로 기후변화 문제에 대응해온 국제사회의 경험으로 비추어볼 때, 그리고 교토의정서가 안고 있는 근본적인 문제점을 생각해볼 때, 이는 충분히 예견 가능한 반작용으로 볼 수 있다. 교토에 대한 반작용, 교토의 대척점에 코펜하겐이 위치해 있었다.

모범답안, 가교 역할 대한민국?

2009년 당시 이명박 대통령도 코펜하겐 회의에 참석해서 기조연설을 했다. 사실 이미 코펜하겐 회의가 열리기 한 달 전에 한국은 어느 누구의 강요도 없는 상황에서 스스로 온실가스 감축목표를 설정해 발표한 바가 있었다. 2020년까지 정상적인 경우 배출될 것으로 예상되는 온실가스 양의 30%를 줄인다는 매우 공격적인 목표였다. 이명박 대통령은 이런 사실을 다시 연설 중에 상기시키며 "대한민국이 '얼리무버Early Mover'로서 이 목표를 향한 행동을 시작하고 있다"고 강조했다.

이런 세상에! 대한민국은 코펜하겐 회의가 열리기도 전에 코펜하겐에서 미국이 주장하는 바를 벌써 실천에 옮기며 여타 개도국에 모범을 보이고 있었다는 이야기다. 그리고 코펜하겐어코드에 정한 제출날짜보다 한 달이나 빨리, 브라질에 이어 두 번째로, 단순한 온실가스 감축 행동계획이 아니라 이미 발표한 2020년의 국가감축목표를 포함한 '온실가스 감축 국가종합계획'을 수립하여 UNFCCC 사무국에 제출했다. 그야말로 가장 모범적인 개도국이라 할 수 있었다. 당시 이명박 대통령은 '녹색성장'이라는 타이틀을 내걸고 기후변화 문제 해결에 대한민국이 '선진국과 개도국 간의 가교 역할'을 담당하겠다고, 꽤나 진부하고 다소 모호한 슬로건을 들고나왔다. 따라서 대한민국이 이렇게 모범적인 행동을 보인 것은 이런 분위기와 깊은 관계가 있었다.

기후변화도 팔 수 있다?

이명박 대통령은 대통령 당선인 시절부터 기후변화 문제에 많은 관심을 표명했고, 기후변화 문제와 관련한 아주 독특한 시각을 가지고 있었던 것으로 짐작할 수 있다. 대통령에 당선된 직후 구성한 대통령직 인수위원회에 이를 다룰 특별 전담팀을 만들어 운영했다. 이 전담팀에서 기후변화와 관련된 보고서를 작성해서 대통령 당선인에게 별도로 보고를 한 바 있었다. 이때 보고서에 포함된 내용을 보면 당시 의사결정의 중심에 있는 사람들이 기후변화 문제를 어떻게 생각하고 있었는지를 살펴볼 수 있다. 그 보고서에 따르면 기후변화 대응의 비전을 '경제와 환경의 조화를 통한 국가경쟁력 강화'라고 밝히면서, 이를 위한 대응방안들이 대한민국의 새로운 성장동력임을 분명히 하고 있다. 출발부터 '국가경쟁력'과 '성장동력'이 키워드임을 알 수 있다.

이런 인식은 2008년 취임 후 대통령의 8·15 경축사에도 그대로 이어져, "'저탄소 녹색성장'을 새로운 비전의 축으로 제시하고자 합니다. 녹색성장은 온실가스와 환경오염을 줄이는 지속가능한 성장입니다. 녹색기술과 청정에너지로 신성장동력과 일자리를 창출하는 신국가발전 패러다임입니다"라고 밝히면서 저탄소 녹색성장 원년을 선언했다. 이후 이명박 대통령은 임기 내내 기회가 있을 때마다 녹색성장을 강조하고 나섰다. 이는 기후변화를 방지하기 위한 테크놀로지에 돈을 더 들이면서 적정한 성장을 추구하겠다는 의미의, 지속가능성을 기반으로 한 녹색성장이 아니었다. 어디까지나 신성장동력으로서의 녹색성장이었다. 녹색성장을 통해서 돈을 더 벌 생각은 있었지만, 기후변화 문제에 남들보다 돈을 더 들일 생각은 없었다. 많은 사람들이 무늬만 녹색성장이지 실질적 내용은 없다고 비판했지만, 실용주의자답게 녹색산업과 기술이 향후 대한민국의 새로운 먹거리가 될 수 있다고 보고 여기에 힘을 실었다는 점은, 나름 높이 살 만했다.

이런 이명박 대통령의 기후변화 문제에 대한 인식은 코펜하겐에서 행한 연설에도 그대로 반영되었다. 그는 대한민국이 '저탄소 녹색성장'을 새로운 국가발전 패러다임으로 정하고 많은 노력을 기울이고 있음을 소개하면서, "이러한 노력은 사회와 경제를 저탄소체제로 만드는 것 자체가 새로운 산업과 일자리를 만드는 신성장동력이 될 수 있다고 판단했다"고 8·15 경축사를 거의 그대로 반복했다. 그리고 여기서 한발 더 나아가, "이러한 '녹색성장' 모델이 지속적으로 발전하여 한국뿐 아니라 지구촌 전체의 새로운 발전 패러다임으로 확산될 수 있다"고 말함으로써 대한민국의 가교역할이 '녹색성장 모델'의 확산에 있음을 짐작할 수 있게 했다. 즉, 녹색성장 모델을 세일즈하겠다는 이야기와 다름없었다. 이명박 대통령은 전직 CEO답게 뛰어난 비즈니스 감각을 가지고 있었다.

문제는 세일즈야!

모든 전·현직 대통령들이 비슷한 면을 가지고는 있지만, 특히 이명박 전 대통령은 정책을 수립하고 시행하는 데 구체성과 단기성에 방점을 찍고 있었다고 알려져 있다. 따라서 기본적으로 호흡이 길고 담론의 성격이 강한 기후변화 문제의 대응은 본질적으로 이명박 전 대통령과는 DNA가 잘 맞지 않는 일이었다.

단기간에 뭔가 하는 것 같아 보이게 하는 데는 이벤트만 한 것이 없다. 그래서인지 2009년 11월, 초대형 이벤트를 벌였다. 흔히 하는 이야기로 대형 사고를 친 것이다. 앞서 얘기한 것처럼 아무도 강요하지 않는데, 특히 한 달 후에 열릴 코펜하겐 당사국총회에서 교토의정서의 연장도 매우 불투명한 상태에서, 2020년 국가감축목표를 자발적으로 설정해서 발표하는 놀라운 일을 벌인 것이다. 그것도 BAU 대비 30%씩이나 줄이는 것이었다. 알기 쉽게 말하면 2005년 온실가스 배출량 대비 4%를 줄이는 폼시도 빡빡한 목표

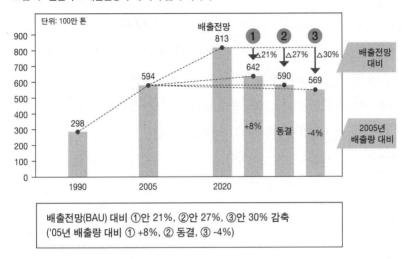

그림 1.9 온실가스 배출전망과 세 가지 감축 시나리오

배출전망(BAU) 대비 ①안 21%, ②안 27%, ③안 30% 감축
('05년 배출량 대비 ① +8%, ② 동결, ③ -4%)

자료: 녹색성장위원회, 「국가 온실가스 중기(2020년) 감축목표의 설정방안」, 녹색성장위원회 제6차 회의자료, 2009년 11월 5일.

였다. 일부 외국의 전문가들조차 이런 공격적 국가목표의 설정과 이상한 타이밍에 고개를 갸웃거렸다. 또 목표설정 과정에서 일부 부처와 국내 많은 전문가들도 "도대체가 불가능한 목표"라고 이야기들 했지만 받아들여지지 않았다. 아무리 생각해도 이해가 되지 않는다. 4대강사업도 녹색성장의 일환이고 기후변화 대응의 한 정책이라고 억지를 부렸던 사람들이, 지구가 더워지는 것을 진정으로 걱정해서 과감한 국가목표를 설정하고 남보다 더 많은 돈을 들일 계획이었다고는 절대 믿을 수가 없다. 그럼 왜 그랬을까?

아마도 이명박 대통령은 어떤 형식으로든 그럴듯한 국가목표가 필요했었는지 모른다. 그래서 대한민국이 기후변화 대응 문제에 적극적으로 나서고 있는 모범국가임을 널리 알리고, 우리가 대응하는 방향, 즉 녹색성장을 여타 개도국들이 모델로 삼아 따라오게 만들고 싶었을 것이다. 이런 속내는 목표설정을 확정 지은 녹색성장위원회 자료에도 그대로 반영되어, 국가감축목표의 설정목적이 '온실가스 감축을 통해 녹색기술과 산업을 신성장동력으로 육성하고, 저탄소 녹색성장 국가비전 달성과 국제사회에서 국가브랜드 가치를 높이는 데 있다'고 분명히 하고 있었다. 따라서 이런 국가목표의 설정도 우리가 가지고 있는 경쟁력을 더욱 강화하고, 나아가서 이를 효과적으로 세일즈할 수 있는 여건을 조성하는 방편으로 활용된 것이라 볼 수 있었다. '비즈니스 프렌들리'한 대통령의 그럴듯한(?) 접근법이었다. 그리고 우리가 경쟁력이 있다고 판단한 원자력을 팔기 위한 세일즈 외교에 직접 뛰어들었던 것은 우리 모두 잘 알고 있다.

속 빈 강정 속 채우기

이렇게 제각각 다른 생각을 가진 세계 정상들이 코펜하겐에서 본문 3쪽짜리 문건을 만들어냈다. 사람들은 이를 속 빈 강정이라 얘기했다. 맞는 얘기였다. 그러나 제대로 된 초안도 없이 이틀 동안 진행된 정상회의에 너무 많은 것을 기대하는 것은 현실적으로 무리였다. 그나마 다행인 것은 어쨌든 엉성하나마 향후 논의를 끌어갈 프레임은 만들어졌다는 점이다. 이제 그 속을 가능한 한 제대로 채우는 일이 남았다. 물론 속을 채우는 대원칙은 '선진국은 열심히, 신흥개도국은 능력에 맞게, 그리고 최빈국은 능력 형성과 적응을 위한 특별대우를 받으며'였다. 칸쿤 당사국총회의 역할은 바로 이 원칙에 맞춰 속 빈 강정의 속을 채우는 것이었다.

교토 함께 죽이기, 이지메 당하는 교토

교토의정서 연장에 반대한다는 칸쿤에서의 일본의 깜짝 선언에 교토의정

그림 1.10 코펜하겐어코드 첨부물

:CCC/CP/2009/L.7
ıge 4

APPENDIX I

Quantified economy-wide emissions targets for 2020

Annex I Parties	*Quantified economy-wide emissions targets for 2020*	
	Emissions reduction in 2020	Base year

FCCC/CP/2009/L.7
Page 5

APPENDIX II

Nationally appropriate mitigation actions of developing country Parties

Non-Annex I	*Actions*

.....

주: 코펜하겐어코드의 세부 결정 사항. 정말 텅 비었다.

서상의 감축의무 달성이 요원한 몇몇 국가들은 속으로 쾌재를 불렀음에 틀림이 없었다. 얼마 지나지 않아 캐나다와 뉴질랜드, 러시아가 이에 동참했다. 심지어 캐나다는 칸쿤회의 이듬해인 2010년에 개최된 남아공 더반에서의 당사국총회가 끝나자마자, 연장 반대에서 한발 더 나아가 현재의 교토의정서에서도 빠지겠다고 선언했다. 캐나다 입장에서 그들이 이미 비준한 국제협약에서 빠지겠다고 결정하기는 쉽지 않았을 것이다. 그러나 캐나다 환경장관이 기자회견[25]에서 밝혔듯이 캐나다가 교토의정서상의 감축의무를 준수하는 데는 136억 달러, 캐나다 한 가구당 1,600달러가 소요된다는 점을 감안하면 캐나다로서는 달리 어쩔 방법도 없었을 것이다. 캐나다 환경장관은 "비록 캐나다가 이런 비용을 들인다 해도, 온실가스를 가장 많이 배출하는 미국과 중국이라는 두 나라가 교토의정서에 포함되어 있지 않은 까닭에 온실가스 배출량은 지속적으로 증가될 것이다"라고 사족을 다는 것을 잊지 않았다.

표 1.12 **교토의정서 의무감축국 변화 상세**

1차 공약기간(2008~2012년) 37개국	2차 공약기간(2013~2020년) 37개국
EU 28개국에서 몰타, 키프로스를 제외한 26개국, 노르웨이, 모나코, 리히텐슈타인, 스위스, 아이슬란드, 우크라이나, 호주	EU 28개국에서 몰타, 키프로스를 제외한 26개국, 노르웨이, 모나코, 리히텐슈타인, 스위스, 아이슬란드, 우크라이나, 호주(좌측 상단과 동일)
+	+
뉴질랜드, 러시아, 일본, 캐나다	몰타, 키프로스, 벨라루스, 카자흐스탄

주 1: 몰타, 키프로스, 벨라루스, 카자흐스탄 등 4개국은 2차 공약기간의 의무감축국으로 합류.
주 2: 캐나다는 교토의정서를 탈퇴하여 1차 공약기간의 감축의무도 없음.
주 3: 일본, 러시아, 뉴질랜드는 교토의정서를 탈퇴하지는 않으나 2차 공약기간 중의 감축목표 제
    시를 거부했음.
주 3: 교토의정서 조항 상의 의무감축 국가는 부속서 2국가로 되어 있으며, 이 부속서 2에는 미국과
    EC가 포함되어 의무감축국을 38개국+EC로 기술하는 경우도 종종 있음.
주 4: EU 가입국의 숫자는 시기에 따라 변화가 있음. 교토의정서 채택 당시는 15개국이었으나 현재는
    28개국으로 늘어났음. 따라서 1차 공약기간 중의 EU버블은 당시 15개국에 한해서 적용됨.

관심을 끄는 것은 교토의정서 연장을 반대하는 대열에 러시아가 합류했다는 사실이다. 앞서 이야기했듯이 러시아는 1990년 대비 온실가스 발생량이 33% 이상 줄었다. 따라서 얼핏 큰 문제가 없을 듯 보인다. 그러나 일단 교토의정서가 제2기로 들어서게 되면 이미 달성된 -33%가 기준점이 되어 논의가 진행될 가능성이 매우 컸다. 반면 러시아는 이렇게 온실가스가 대폭으로 감축된 것은 그 기간 러시아의 에너지다소비 산업이 급격히 붕괴되면서 생긴 현상이며 이 때문에 러시아 국민들은 많은 고통을 감내해왔으므로, 이제 경제발전을 위해 필요한 온실가스 배출이 허용되어야만 한다고 주장했다. 따라서 EU가 이런 상황을 감안하여 러시아의 목표설정에 특별히 유연성을 주기로 확답하기 전까지는 교토의정서의 연장에 동의할 수 없다고 밝혔다. 여기에 더해서 교토의정서 제1기(2008~2012년)에 발생한 특별한 노력 없이 발생한 잉여배출권(핫에어. 동구권의 감축목표 달성 후 남는 배출권이 거의 여기에 해당된다)을 제2기에 사용하는 것도 상당 정도 제한이 되는 방향으로 흘러가자, 러시아는 공식적으로 교토의정서의 연장에 반대하고 나섰다.

이렇게 주인인 일본을 시작으로 여러 나라들이 교토 죽이기에 함께 나섰고, 이를 살리기 위해 EU가 피나는 노력을 했음에도 결국 교토의정서는 사실상 혼수상태에 빠졌다. EU에게 교토의정서는 특별한 의미가 있었다. 미국이 빠져나가면서 교토의정서를 끌고 나가는 동력은 거의 EU로부터 나오고 있었으며, 기후변화 문제를 중심으로 한 환경이슈에서 미국을 제치고 EU가 주연 노릇을 할 수 있는 무대 역할을 교토의정서가 톡톡히 하고 있었다. 그러니 EU의 교토의정서 사랑은 각별하지 않을 수 없었다. 이런 상황에서 교토가 죽어간다는 것은 앞으로 기후변화 문제에 대한 논의의 축에 많은 변화가 있을 수 있다는 것을 의미한다.

총체적 난국, 위기의 UNFCCC

교토의정서 살리기, EU의 피나는 노력

교토의정서가 발효되자 EU는 발 빠르게 온실가스를 대규모로 배출하고 있는 역내 기업들을 대상으로 국내 배출권거래제를 도입했다. 총 대상이 1만 1,000여 개 공장에 이르고, 할당된 배출권의 양은 연간 20억 톤 수준이었다. 그리고 이들 기업의 배출권이 부족할 경우 개도국과의 협력사업인 청정개발체제, 즉 CDM 사업에서 발생되는 배출권을 일정량 활용할 수 있도록 유연성을 부여했다. 바로 교토의정서에서 정한 교토메커니즘을 그대로 원용했다. 이 제도를 통해서 자연스럽게 EU 각국이 지켜야 될 온실가스 감축 목표의 일정 부분을 달성할 수 있도록 설계했다. 또한 CDM 사업에서 발생되는 크레디트도 이 배출권거래제를 통해서 EU 집행부에 취합되었고, CDM 사업에 필요한 자금도 이 배출권거래제에 참여하는 기업들에게서 조달될 수 있게 되었다. 따라서 당연한 이야기지만, 제도의 운영기간도 교토의정서에서 정한 선진국의 감축의무기간, 즉 2008~2012년의 5년으로 정해서 시행했다. 그리고 지금은 2013~2020년까지의 8년 동안 제3기 배출권거래제를 시행하고 있다. 이런 배출권거래제의 상세한 내용과 공과는 추후 이야기하기로 하고, 여기서는 이런 EU의 초대형 국내 정책과 교토의정서의 연관관계만 짚고 넘어가기로 한다.

EU 배출권거래제의 대충의 얼개만으로도 짐작이 가능하듯, EU의 초대형 온실가스 감축정책은 교토의정서와 아주 긴밀한 연관관계 속에 설계되고 시행되는 중이다. 즉, 교토의정서상 EU 각국의 온실가스 감축목표가 출발선이 되어, 배출권을 일정 부분 산업에 할당하고 이를 기반으로 온실가스를 많이 뿜어내는 공장굴뚝에서 연간 배출할 수 있는 온실가스의 총량을 규제한다. 물론 이 과정에서 해당 기업으로부터 적지 않은 반발이 있었으나 교토의정서상의 국가의 감축의무 달성이라는 명분으로 이를 잠재웠다 볼 수 있다. 그런데 지금 이런 출발선이 흔들리는 사태가 발생하고 있는 것이다. 다른 이유가 여럿 있기는 하지만, 결국 배출권거래제 하나만으로도 EU는 교토의정서를 살리는 데 적극적이지 않을 수 없었다.

2008년에 EU는 2020년까지 온실가스 감축목표 20%, 신재생에너지 비중 20%, 효율향상을 통한 에너지사용량 감소 20%를 목표로 하는 그 유명한 '20-20-20 정책'을 수립·발표했다. 그리고 관련국들이 좀 더 적극적인 자세를 보인다면 2020년의 온실가스 감축목표를 30%까지 상향조정 할 수도 있다고 하며 관련국들을 압박했다. 이런 거시정책의 입안은 당연히 교토의정서가 2012년 이후에도 계속 유효하고, 특히 두 번째 교토의정서상의 선진국 감축의무 해당기간은 2020년까지임을 전제하고 있었다. 아마 그때만 해도 이렇게 여러 국가가, 특히 일본이 교토의정서를 죽이리라고는 생각하지 못했을 것이다. 이런 여러 상황 때문에 교토의정서에 대한 EU의 입장은 상당히 경직될 수밖에 없었다. 그 결과 애당초 미국이 빠진 상황에 일본도 빠지고 러시아도 빠지고 캐나다와 뉴질랜드까지 빠져 거의 혼수상태에 이른 교

표 1.13 EU 20-20-20 계획개요

분야	주요내용
온실가스 배출량을 20% 절감, 국제적 합의가 이루어지면 30%까지 가능	• ETS 할당량을 지속적으로 강화하여 2020년에는 2005년 대비 21%를 감축하고, 2013년부터는 발전분야의 할당을 100% 유상할당 하는 등 유상할당 비중을 대폭 확대 • 2025년까지 CCS의 경쟁력 확보
에너지 믹스에서 차지하는 신재생에너지 비중을 20%로 확대	• 2020년까지 수송연료의 10%를 바이오에너지로 하는 것을 포함하여 전체 에너지의 14%를 바이오에너지로 충당 • 전체 전기의 20%를 풍력으로, 15%를 태양에너지로 생산
에너지효율 향상으로 에너지 사용량 20% 절감	• 2020년까지 스마트그리드 보급률 50% 달성 • 가전제품에 대한 라벨링 제도 강화 등 각종 효율강화를 위한 규제와 정보제공 강화 • 2020년까지 25~30개 도시를 저탄소경제 전환 시범지역으로 육성

토의정서에 깨끗하게 사망선고를 하고 새로운 판을 짜기보다는, 이를 어떻게 해서든 끌고 나가지 않을 수 없었다.

협상을 위한 협상, 협상가를 위한 협상: 협상은 왜 하나?

교토의정서가 혼수상태에 빠져들고 사실상 별 의미도 없이, 단지 EU의 국내조치를 합리화하기 위한 협상이 지지부진하게 진행되자, 그동안 기후변화 문제를 UN 차원에서 논하는 것이 효율적인지에 대한 의문들이 다시 고개를 들기 시작했다. 교토의정서가 연장될 경우 참여하게 되는 선진국들이 전 세계 온실가스 발생량에서 차지하는 비중이 15%밖에 되지 않는다는 사실은 연장해봐야 큰 의미가 없을 것이라는 냉소적인 반응을 불러왔다. 더욱이 1차 공약기간 중에 남아도는 배출권이 EU 가입국에서만 40억 톤을 넘어서고 전체적으로는 130억 톤을 상회할 것으로 전망됨에 따라, 비록 여러 가지 제한을 가하는 노력을 하고 있기는 하지만 2차 공약기간에도 1차 때와

표 1.14 **국제 잉여 배출권 현황**

(단위: 억 톤)

구분	러시아	우크라이나	EU	기타	총계
잉여량	58.7	25.9	41.4	5.1	131.1

자료: Point Carbon(2012), "Carry over of AAUs from CP1 to CP2".[26]

마찬가지로 배출권은 남아돌 것이 거의 확실해졌다. 결국 "도대체 이런 법석을 떨면서 뭘 하자는 거야?"라는 의문이 생길 수밖에 없다.

게다가 이를 논하는 자리에 교토의정서를 비준한 모든 당사국들이 모여서 부산을 떨고 있다. 사실상 일할 사람은 EU뿐인데 100명이 넘는 훈수꾼들이 이런저런 이야기를 하는 웃지 못할 상황이 연출되고 있다. 예를 들어 교토의정서 2차 공약기간 중의 선진국의 온실가스 감축목표를 논하는 '더반플랫폼 특별워킹그룹' 회의장에서, 유엔환경계획(UNEP)이 "장기적으로 대기온도 상승을 섭씨 2℃로 제한하기 위해서는 2020년 이전에 좀 더 의욕적인 목표를 설정해서 최소 80억 톤 상당의 온실가스를 줄여야 한다"고 이야기하면, 중국이 나서서 자국 "전문가들의 분석에 따르면 선진국들이 1990년 배출수준보다 25~40% 정도 줄이면 그 배출량 차이는 줄어들 수 있다"고 맞장구를 치는 식이었다. 몇 년이고 몇 번이고 반복되는 이런 논의들을 지켜보다 보면, UN의 틀하에서 진행되는 기후변화와 관련된 많은 논의가 '협상을 위한 협상, 협상가들을 위한 협상'이라는 생각을 지우기 어렵게 된다. 최소한 대단히 비효율적이고 비능률적이라는 비난은 면하기 어렵다. 게다가 회의가 진행될수록 논의 쟁점들이 다양하게 분화되어서 그 논의에 숨겨진 역사를 잘 모를 경우 그 본뜻을 이해하기 어려워짐에 따라 회의는 점차 일부 사람들, 좋게 이야기하면 전문가들이고 나쁘게 이야기하면 회의꾼들의 전

유물이 되는 경향을 보였다.

Consensus의 위기, 컨센서스란 무엇인가?

결국 이런 부정적인 시각은 과연 기후변화 대응과 같은 문제를 논하는 장으로서 UN이 적합한가 하는 근본적인 문제 제기로까지 발전했다. 즉, 모든 사람들이 모여 백가쟁명 식의 토론을 거쳐 합의consensus해나가는 것을 기본으로 하고 있는 UN의 의사결정 방식이 기후변화 문제에 대응하는 데 정말 바람직한 방법인가에 대한 의문이라 할 수 있다. 이런 문제를 아주 극적으로 부각시킨 사례가 코펜하겐에서 나왔다.

코펜하겐에서 세계 정상들에 의해 만들어진 코펜하겐어코드는 사실 절차상에 다소 무리가 있었다. 정상회의가 시작도 되기 전에 그동안 논의되어왔던 협상 문건 이외에 별도의 문건이 덴마크 측에 의해 만들어지고 있다는 소문이 돌았다. 급기야는 그 초안의 일부가 언론에 유출되어 회의 관계자들이 강력하게 항의하는 해프닝이 벌어졌다. 여기에 덴마크 총리는 참석하는 정

표 1.15 **코펜하겐 당사국총회의 주요 국가**

EU	영국, 프랑스, 독일, 덴마크
기타 선진국	미국, 일본, 호주, 캐나다, 노르웨이, 러시아
BASIC	브라질, 남아프리카공화국, 인도, 중국
기타 신흥개도국	한국, 멕시코, 인도네시아
AOSIS(군소도서국가연합)	그라나다, 몰디브
개도국	방글라데시, 에티오피아, 수단, 콜롬비아 등

주: 25개국 정상(혹은 장관급)이 참가, 직접 정상합의문 초안을 협의하여 16시간여 만에 합의안을 도출.

코펜하겐 당사국총회에 모인 세계정상들. 이들도 밤을 새워 회의를 계속했다.

상 중 25개국만을 선별하여 별도의 논의를 거쳐 코펜하겐어코드의 초안을 만들었다. 당연히 여기에 참석하지 못한 국가의 실무자들은 한바탕 난리가 났다. 이 와중에 미국의 오바마 대통령이 그 코펜하겐어코드가 공식적으로 당사국총회에서 결정되기도 전에 기자회견을 열어, "오늘 코펜하겐에서 의미 있고 전례 없는 돌파구를 마련했습니다. 역사상 처음으로 기후변화의 위협에 대응하기 위한 행동을 하는 데 대한 책임을 받아들이기 위해 모든 주요국들이 모였습니다"라고 이야기하고는 미국으로 날아가 버렸다.

오바마 대통령이 떠나고 금요일 밤 늦게 덴마크 총리가 코펜하겐어코드를 총회에서 공식적으로 채택해줄 것을 요청하자, 베네수엘라 등 몇몇 개도국이 논의 절차가 투명하지 못하고 비민주적이란 점을 들어 이를 받아들일 수 없다고 강력하게 반대하고 나섰다. 이후 13시간이 넘게 마라톤 회의가 계속되었다. 그러나 거의 대부분의 국가가 찬성했음에도 끝까지 반대한 몇 나라 때문에 끝내 코펜하겐어코드는 당사국총회의 공식적인 의결사항으로 채택되지 못했다. 그 대신 모든 당사국들이 '유의한다take note'고 정리하여 비공식 문건으로 결정문에 첨부하는 편법으로 처리했다.

결국 리우 정상회의 이후 최초로 세계 정상들이 대거 참여한 당사국총회에서 아무런 공식 문건도 만들어내지 못하는 참상이 벌어졌다. 당시 베네수엘라의 차베스Hugo Chavez 대통령은 "한밤중에 갑자기 나타나서는 받아들일 수도 없는 이상한 문건을 만들었다"며 총회 석상에서 대놓고 오바마 대통령을 비난했다. 심지어 차베스 대통령이 "미국이 만든 어떤 문건에도 동의하지 말라"고 베네수엘라 대표단에게 지시하고는 코펜하겐을 떴다는 소문도 돌았다. 이런 코펜하겐에서의 해프닝은 UN의 의사결정 방법론인 컨센서스 방식에 대한 회의를 불러일으켰다. 어떻게 내로라하는 세계 정상들이 모여 날밤을 새우면서 만들어낸 문건을, 내용도 아니고 절차상의 문제를 들어 아무것도 아닌 휴지 조각으로 만들 수 있냐는 것이었다. 그것도 대부분의 국가는 동의함에도, 기후변화 문제에 관해 그 비중도 크지 않은 네다섯 국가에 의해서. 직설적으로 말하면 온실가스 배출량이 전 세계 배출량의 18%에 달하는 미국의 이야기와, 사사건건 미국의 주장에 발목을 잡는 배출량 0.56%에 지나지 않는 베네수엘라의 이야기를 같은 정도로 취급하는 UN의 의사결정방식으로, 과연 갈수록 급박한 대응을 요하는 기후변화 문제를 해결할 수 있는가 하는 의문이 심각하게 떠올랐다.

칸쿤에서도 절차상의 문제와 관련된 작은 해프닝이 있었다(그러나 의미는 결코 작지 않다). 회의 마지막 날 총회에서 볼리비아가 마지막까지 칸쿤합의문 채택에 반대하고 있었다. 이때 회의를 주관하던 멕시코의 에스피노자 Patricia Espinosa 의장이 "컨센서스란 모든 사람이 자신의 이야기를 할 권리가 부여되고, 그들의 견해가 정당히 고려되는 것을 의미한다. 그리고 볼리비아에게 이런 기회가 주어졌다. 컨센서스가 한 국가에게, 다른 193개국이 우리 사회와 미래세대가 기대하는 것에 대한 수년간의 협상을 앞으로 나아가게 하는 것을 반대하고 막는 권리를 주는 것은 아니다"라고 이야기하며 칸쿤합의문을 채택하고 회의를 끝내버렸다.[27] 아하, 컨센서스가 언제부터 저렇게 해석되었을까? 이런 해프닝은 카타르 도하 당사국총회에서도 반복되었다. 교토의정서상 국가목표를 달성하고 남아도는 배출권을 2013년 이후 어떻게 활용할 것인가를 논의하는 회의 마지막 날, 그동안 계속 반대해오던 러시아가 이의를 제기할 틈도 주지 않고 의장이 잽싸게 의사봉을 두들겨 버렸다. 대한민국 국회에서나 볼 수 있던 일명 날치기가 벌어졌다. 러시아가 강력히 항의했으나 의장은 이미 안건은 결정되었고, 정히 그러면 러시아의 의견을 별도로 첨부해줄 수는 있다는 형식으로 답하며 사안을 마무리 지었다. 일부 전문가들은 이러다가 기후변화협상장에서는 이런 일이 일반화되는 거 아니냐고 우려했다. 이런 문제들은 결국 기후변화에 대응함에서 "컨센서스를 기본으로 하는 UN이 마련한 논의의 장이 과연 실효성이 있는 것인가?" 하는 질문으로까지 번졌다. 그 답은 2015년 파리에서 예정되어 있는 제21차 당사국총회에서 어떤 결과가 나올 것인가에 달려 있다 할 수 있다.

그래도 쇼는 계속되어야 한다!

어쨌든 협상은 계속되었다. 코펜하겐에서 만들어진 본문 세 쪽짜리 문건은 칸쿤회의가 끝날 때쯤에는 30쪽으로 불어났다. 그중 신흥개도국의 동참 문제를 살펴보면, '지금까지도 개도국은 온실가스 감축에 기여해 왔고, 앞으로도 계속 기여할 것이다'라고 밝히고 있다. 더 나아가서 '경제개발에 따라 개도국의 온실가스 배출량은 늘어날 수밖에 없다'고 강조하기는 했지만, 놀랍게도 온실가스 감축행동계획을 수립하고 보고한다는 코펜하겐 결정사항을 훨씬 넘어서는, 2020년도 정상적으로 배출할 온실가스 양에서 일정 부분

표 1.16 개도국 참여에 대한 당사국총회 결과 변화 추이

구분	주요내용
1997년 교토의정서	선진국의 의무감축목표 설정, 개도국은 일반 보고 의무만 있음
2007년 발리로드맵	선진국의 지원하에 '국가적으로 적합한 감축행동(NAMA)'을 종합적으로 추진
2009년 코펜하겐어코드	신흥개도국의 경우 온실가스 감축계획을 수립해서 2010년 1월 31일까지 사무국에 제출(선진국의 지원하에 라는 수식어가 빠짐)
2010년 칸쿤합의	2020년 BAU 대비 감축을 위한 감축행동(NAMA) 수행
2011년 더반플랫폼	모든 당사국에게 적용 가능한 프로토콜, 법적수단 또는 법적효력을 가지는 합의결과를 2015년까지 결론 냄

줄이는 것을 목표로 하는 국가적으로 적합한 감축행동(NAMA)을 취하기로 합의했다. 그러더니 마침내 그 다음 해인 2011년 남아공 더반 당사국총회에서 2020년 이후 '모든 당사국에게 적용 가능한' 프로토콜, 법적수단 또는 법적효력을 가지는 합의결과를 2015년까지 만들어낼 새로운 플랫폼을 출발시키는 데 합의하게 되었다. 말이 좀 어렵게 꼬이긴 한데, 원래 기후변화 문제 협상에서 중요한 사안이 있으면 그것을 결정하기 위한 특별기구를 만들어 언제까지 끝내겠다고 일정과 절차를 정하는 게 일반적인 접근법이었다. 교토의정서를 만들어낼 때도 그랬고 발리로드맵도 그랬다. '무엇을 어떻게 할 것인가'를 정하는 것보다는 '무엇을 어떻게 할 것인가를 어떤 방법으로 논의할 것인가'를 정하는 데 협상가들은 훨씬 더 성과를 잘 낸다. 여하튼 모든 당사국에 적용 가능한 무엇인가를 만든다고 합의한 것 때문인지는 모르겠지만, 유엔 기후변화협약 사무국 스스로 더반 당사국총회를 기후변화협약의 전환점이 된 중요한 회의로 평가하고 있다. 그리고 실제로 중요한 전기이기도 했다.

CBDR을 사수하라

이것으로 기후변화 문제에 대응하는 대원칙인 형평성의 논란, 즉 공동의 그러나 차별화된 책임(CBDR)과 관련된 해석이 대전환점을 맞이한 듯 보였다. 일부 성질 급한 사람들은 더반합의가 나오자 마침내 길고 긴 기후변화와 관련한 형평성 문제에 종지부를 찍었다고 이야기하기까지 했다. 그러나 합의 내용이 어떻든 관계없이, 이런 형평성과 관련된 문제는 언제든지 다시 전면에 등장할 잠재력을 가지고 있었다. 실제로 더반 당사국회의가 끝난 지 녁달 만에 더반플랫폼 특별워킹그룹(Ad Hoc Working Group on the Durban Platform for Enhanced Action: ADP) 첫 회의를 앞두고 중국의 협상대표는 신화통신과의 인터뷰에서 '모든 당사국에 적용 가능한'이란 더반플랫폼의 합의 문구에 있는 '적용 가능한'이란 말은, 마치 교토의정서와 기후변화협약이 모든 당사국에 적용되듯이 더반플랫폼의 결과물도 모든 당사국에 의해 받아들여지고 실천되어야 함을 의미한다고 말했다. "형평성의 원칙과 공동의 그러나 차별화된 책임의 원칙은 2020년 이후에도 계속 지켜져야만 한다. 그것들은 기후변화에 대응해나가는 국제시스템을 지탱하는 기둥이다"라고 그는 덧붙였다. 이런 중국의 의견은 ADP 회의에서 그대로 나타났고, 중국은 이에 동조하는 인도, 필리핀, 베네수엘라 등 19개국과 함께 '기후변화에 의견을 함께하는 개도국들(Like-Minded Developing Countries on Climate Change: LMDCs)'이라는 그야말로 CBDR 사수대를 새롭게 결성했다. ADP에서의 모든 결과물은 형평성과 CBDR의 원칙을 유지해야만 하고, '보편적 적용'이 '일률적 적용'을 의미해서는 안 된다는 것이 LMDCs의 주된 주장이었다.

결국 앞으로의 기후변화협약장에서의 논의, 특히 ADP에서의 논의도 CBDR로부터 절대 자유로울 수는 없게 되었다. 그러나 선진국과 개도국 간의 CBDR에 대한 인식의 차이는 1992년 리우에서와 비교해보면 이미 현저히 좁혀졌음을 알 수 있다. 애초에는 선진국의 역사적 책임이 강조되면서 개도국에 무엇인가를 요구하는 것은 입도 뻥끗 못하게 만들었는데, 지금은 개도국도 무엇인가를 하기는 한다. 다만 선진국과는 다른 방법으로 한다는 식으로 얘기되고 있다. 따라서 이제 선진국과 개도국이 각자 형편에 맞게 어떻게 온실가스를 줄이는 일을 할 것인가 정하는 일만 남아 있을 뿐이다.

돈 낼 사람이 전혀 생색이 나지 않는 이상한 시스템

기후는 인류 공동유산common heritage of mankind인가, 아니면 인류 공동관심사common concern of mankind인가? '공동유산'일 경우에는 당연히 법적인 문제가 뒤따르게 된다. 이의 활용으로 얻어지는 이익은 어떻게 배분하고, 훼손에 따른 불이익은 누가 어떻게 책임질 것인가 하는 복잡한 얘기가 나올 수밖에 없다. 반면에 '공동관심사'일 경우에는 이런 법적 권리나 의무와 관련된 사항은 뒤로 숨고 이야기가 다소 느슨해진다. 법적인 접근보다는 윤리적인 관점이 우선한다. 책임을 묻고 따지고 금지사항을 정하기보다는, 좀 더 일반적이고 포괄적으로 접근한다.

애초 1988년 말타대학의 아타드David Attard 교수가 기후변화 문제의 심각성을 제기하고 대응을 촉구하는 편지"를 영국 ≪타임스The Times≫ 지에 보낼 때는, UN이 기후를 인류의 공동유산으로 선언하고 적절한 대응책을 마련할 것을 요구하고 있었다. 그것이 선진국의 반대로 '공동관심사'로 결정되었다. 그러나 이런 결정이 났음에도 개도국들은 여전히 기후를 인류 공동유

■ 'Weather as a World Heritage'라는 제목의 편지이다. 이는 이후 기후변화협약을 이끌어 내는 실질적인 시발점이 된 것으로 평가받고 있다.

산으로 생각하는 경향이 강했다. 이런 인식의 차이는 기후변화 문제를 해결하는 자세에 근본적인 차이를 불러왔다. 개도국의 입장에서 보면, 그동안 선진국들이 인류의 공동유산을 일방적으로 사용하고 그 혜택을 누려왔다. 그리고 그에 따른 부작용은 아무런 혜택도 누리지 못한 개도국이 고스란히 떠안고 있다는 것이다. 따라서 이는 공정하지 못하며 이런 부작용에 따른 비용은 당연히 선진국이 부담해야 함은 물론이고, 나아가서 선진국은 일정 부분 개도국에 '기후부채'를 지고 있다는 주장이다. 따라서 선진국이 기후변화 펀드를 만들어 취약한 개도국을 지원하는 것은 지극히 당연한 일이며, 지금 논의되고 있는 수준으로는 턱도 없고 이를 획기적으로 늘려야 한다고 강변한다.

그러나 선진국의 입장에서 보면, 기후변화 문제는 기후변화협약 서문에도 명백히 한 것처럼 어디까지나 인류의 공동관심사항이다.[*] 따라서 앞으로 이에 대응하기 위한 '공동의 그러나 차별화된 책임의 원칙'에 따라 노력을 기울여나갈 것이다. 그리고 기후변화 문제에 특히 취약한 개도국들에 대해서는 인도적 차원에서 지금까지 많은 지원을 해왔지만, 앞으로도 계속 지원을 확대해가겠다는 것이 선진국의 기본입장이라 할 수 있다.

이런 양측의 기본적인 입장 차이는 기후변화 문제를 해결하고 대응하기 위한 비용 부담을 논하는 자리에서 극명하게 나타나게 된다. 좀 과장해서 이야기하면 개도국은 거의 빚쟁이가 빚 독촉하듯 선진국을 향해 돈 내놓으라고 시종 주먹을 들이댄다. 그것도 찔끔대며 내는 흉내만 내지 말고 통 크게 왕창 내놓으라고 한다. 코펜하겐에서 선진국들이 개도국에게 2010~2012

■ 기후변화협약서는 "이 협약의 당사자는, 기후변화 때문에 나타난 부정적 효과가 인류의 공동관심사임을 인정하고"라는 문장으로 시작된다.

표 1.17 각 국가별 긴급지원펀드 현황(2010~2012년)

(단위: 백만 달러)

EU	9,425
미국	7,458
일본	13,800
캐나다	1,016
노르웨이 등 6개국	1,566
총계	33,265

자료: UNFCCC.

년까지 3년간 300억 달러를 지원하고 2020년까지는 매년 1,000억 달러 규모로 지원을 늘리겠다고 해도 일부에서는 부족하다고 말할 정도였다. 칸쿤에서 이를 논할 때 일부 개도국에서는 선진국들이 GDP의 1.5%씩을 내놓으라고 주장하기도 했다. 그러나 현실적으로 돈을 낼 사람들 입장에서 생각해보면, 이것만큼 돈 쓰는 게 생색이 나지 않는 경우도 사실 없다. 적지 않은 돈을 쓰는 이야기를 하고 있는데 도대체가 고맙다고 하는 사람이 없다. 그러니 설혹 기후변화 문제를 담당하는 사람들이 어찌어찌 의사결정을 했더라도, 자국 내에서 이런 돈을 쓰는 것에 대한 최종 의사결정을 하는 사람들, 조직들 입장에서는 이건 말도 안 되는 이야기가 되어버린다. 상황이 이러니 당연히 돈을 부담할 선진국은 미적거릴 수밖에 없다. 가능한 한 남들이 하는 것을 보고 체면치레할 정도만 내려 한다. 또 이미 이런저런 사유로 쓰고 있던 돈을, 기후변화 문제 해결이라는 명분으로 포장이 가능하기만 하다면 그런 쪽으로 정리를 해버린다. 일종의 코미디가 벌어지고 있는 것이다.

코펜하겐에서 결정한 2010~2012년까지 3년간 지원하기로 한 300억 달러를 '긴급지원펀드Fast-start Fund'라 한다. UNFCCC 홈페이지에 올라와 있는 각국의 지원 실적을 보면 일본, 미국, EU의 지원 실적만으로도 300억 달러

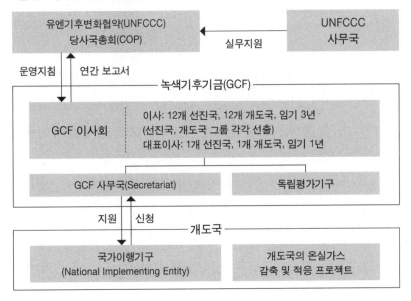

그림 1.11 **녹색기후기금 운영체계**

를 넘어선다. 그런데 개도국 쪽에서 돈을 구경한 사람은 아무도 없단다. 특히 일본이 지원을 많이 해서 공공부문에서만 135억 달러를 3년간 지원했다고 한다. 문제는 그 당시 이미 일본이 개도국을 지원하기 위하여 'Cool Earth Partnership'이란 프로그램을 시행하고 있었는데 이를 이름만 슬쩍 바꾼 것뿐이라는 것이다. 물론 예산을 약간 더 쓰긴 했다. 그러니 이건 말장난일 뿐이라고 개도국들이 아우성을 칠 만도 했다. 이런 상황을 감안하면 2020년까지 연간 1,000억 달러씩 지원하겠다는 이야기도 어떠하리란 것을 쉽게 짐작할 수 있다. 일부에서는 지금 별도로 만들어지고 있는 녹색기후기금(Green Climate Fund: GFC)의 조성규모가 그 정도인 것으로 착각하고 있다. 그러나 이미 코펜하겐에서 대게 1,000억 달러가 어떤 모양새일지를 밝혔다. 즉, 1,000억 달러는 공공부문과 민간부문, 양자 간 또는 다자간의 다양한 자금원을 통해 조성한다고 코펜하겐어코드에 적고 있어 벌써 다양한 형식의 물타기를 예정하고 있었다.

어느 쪽의 견해가 맞든, 선진국들이 돈을 내게 만들려면 돈 내는 사람이 생색이 나도록 해야 한다. 안 그러면 누가 적극적으로 내려고 하겠는가? 답을 찾기 쉽지 않은 이야기이다. 일반적으로 알려져 있는 펀드 조성 방법은 답이 아니다. 즉, 돈 내는 사람 따로, 돈 주는 사람 따로, 돈 받는 사람 따로인 지금의 전형적인 펀드 운용 방법으로는 돈 내는 사람들이 생색나게 만들 수가 없다. 어떻게 해서든 돈을 내는 사람들이 스스로 의사결정구조에 직접 참여하고 원하는 분야, 방향으로 자신들의 돈이 쓰일 수 있도록 시스템이 만들어져야 그나마 지속가능한 지원구조가 형성될 수 있다. 예를 들면 일종의 프로젝트 거래소 형식이 그런 원시적인 모형이 될 수 있다. 개도국에서 진행 가능한 다양한 프로젝트들을 모두 모아 한군데 올려놓고, 기금 공여국들이 각자의 판단에 따라 이들의 지원 여부를 판단할 수 있도록 하는 시스템을 구축한다는 이야기다. 일종의 지원 프로젝트 콘테스트 장이 열리게 된다. 이런 유사한 형식은 이미 개도국의 연구개발R&D 사업을 지원할 때 종종 사용되어 효과를 거둔 바가 있다. 어떤 형식이든 돈 쓰는 사람들이 좀 더 대접받는 시스템을 구축할 필요가 있다.

플랫폼, 게이트웨이, 기차는 떠나고 다리는 불탔다

"카타르 도하에서, 우리는 과거의 기후체제에서 새로운 시스템을 향한 다리를 건넜습니다." EU 집행위원회의 환경장관이 도하 당사국총회를 마감하는 기자회견에서 한 이야기다.

더반플랫폼을 출발하여 도하게이트웨이를 통과한 기후변화협상이라는 열차는 포즈난과 리마를 거쳐 2015년 파리에서 종착역을 맞는다. 이미 포즈난은 2013년에 통과했고, 이제 중간 역은 리마만 남아 있다. 지금까지 협상한 경험에 의하면, 종착역에 닿을 때까지 논의를 마무리할 가능성은 그리 높지 않다. 할 이야기는 많은데 기차는 너무 빨리 달리고 있다. 반면 모든 국제협상이 그러하듯 논의는 아주 복잡하고 느리게 진행된다. 더반회의 이후 카타르 도하, 폴란드 포즈난 당사국총회 등이 사실상 이렇다 할 내용 없이 그저 그렇게 끝났다. 이제 페루 리마와 프랑스 파리에서 개최되는 두 번의 당사국총회만 남아 있을 뿐이다. 그러다 보니 과연 더반에서 정한 2015년까지 이 많은 문제를 해결해낼 수 있을까 하는 의문이 든다. 만일 어떤 형식으로든 합의하는 데 실패한다면, 기후변화 문제를 UN 차원에서 논의하는 것이 과연 효율적인가 하는 의문이 본격적으로 제기될 가능성이 매우 높다. UN은 막다른 골목에 몰려 있다. 파리에서 어떤 형식으로든 의미 있는 결과를 내지 못한다면, 아마도 지금까지의 UN 중심의 UN의 의사결정방식에 따른 논의 구조에 대한 회의론에 급격히 힘이 실리게 될 것이다.

결국 주어진 시간 내에 얼기설기 얽혀 있는 실타래를 풀려면 현실감 있는 접근이 필요하다. 다시 이야기하면 당사국들에 부담이 가는, 더 좁게는 당사국의 각 정상들이 받아들이기에는 정치적 부담이 큰 '강한 수준의 합의'는 현실적으로 어려운 상황이라 할 수 있다. 아니 시간을 아무리 많이 주더라도 이미 교토에서 한번 당해본 선진국의 정상들은 법적 구속력 있는 감축목표 설정과 같은 강한 수준의 합의를 받아들이기는 어려운 것이 사실이다. 따라서 그 기본은 코펜하겐에서 결정된 틀의 범위에 있는 상당히 느슨한 형식의 합의가 현실적이라 할 수 있다.

교토에 비하면 겉보기에 좀 부족해 보여도, 코펜하겐에서 정한 것처럼 2020년부터는 온실가스를 줄이기 위하여 모두 함께 노력을 기울여나가면 된다. 법적인 강제성을 가지는 감축목표를 설정하든, 스스로 감축공약을 내걸고 국제사회의 투명한 검토과정을 거치든, BAU 대비하여 적정수준의 자발적 감축노력을 하든 모두 최선을 다하면 되는 것이다.

오히려 개인적인 생각으로는 이제 협상을 위한 협상을 벌인다고 법석은 그만 떨고, 실질적으로 각 나라들이 온실가스를 줄이기 위해 주어진 위치에서 최선을 다할 수 있도록 국제적 논의의 장을 바꿔나가는 것이 훨씬 더 중요할 듯싶다. 지구가 더워지는 것에 대한 심각한 고민이 없는 협상가들에게 이런 문제를 맡겨봐야 해결되는 일은 거의 없다. 온실가스를 줄이는 문제는 무역을 논하는 WTO 협상과는 그 궤를 달리해야만 한다. 나의 부담은 가능한 한 최소화하는 것이, 또는 남의 부담은 최대화하고 나의 이익은 극대화하는 것이 협상의 목적이 되어서는 안 된다. 그럼에도 지금 당사국총회장에서 협상가들이 가장 중요하게 생각하는 키워드는 '경쟁력'이다. 그리고 시간이 갈수록 협상 이슈는 복잡해지고 분화된다. 협상장은 더워지는 지구를 걱정하기보다는, 발언을 위한 발언, 협상가들을 위한 회의로 가득 채워지고 있다.

이제 현실적으로 별 의미도 없고, 쓸데없이 당사자들에게 부담만 주는 '온실가스 감축 국가목표설정'과 같은 논의는 적당히 할 필요가 있다. 그 대신에 온실가스를 줄이기 위해 뭔가 열심히 하는 사람, 잘하는 사람들이 칭찬받고 격려 받을 수 있도록 논의의 틀을 확 바꿔야 한다. 각국이 시행하는 정책과 조치policy & measure가 투명하게 평가받고 잘된 것들은 함께하고 문제 있는 것들은 고쳐나가는 그런 협력의 장이 벌어져야만 한다. 그리하여 모두 잊고 있는 기후변화협약 제3조 3항에 정해져 있는 '예방적 조치 시행의 원칙'이 지구촌 곳곳에서 실천에 옮겨질 수 있도록 해야 한다.

제2부 21세기의 신기루

온실가스 배출권거래제의 탄생

Carbon Gold Rush

21세기의 새로운 발명품으로 거의 모든 사람들이 스마트폰을 첫손으로 꼽을 것이다. 그러나 환경 측면에서 본다면 단언컨대 탄소배출권을 사고파는 '탄소시장'을 들 수 있다. 이제 온실가스를 줄인 실적을 공식적으로 인정받으면 이를 돈 받고 팔 수 있는 시절이 온 것이다. 물론 필요한 사람은 살 수도 있다. 유럽에는 이를 사고파는 거래소만 여섯 개소나 있다. 하루 평균 거래량이 현물기준으로 13만 톤을 넘어섰고, 2011년의 경우 연간 80억 톤 이상의 배출권거래가 있었던 것으로 평가하고 있다. 세계은행 분석에 따르면 이때 탄소시장 규모는 1,700억 달러를 넘어설 정도였다. 당연히 선물거래, 각종 옵션거래 등 파생상품도 만들어졌다. 골드만삭스, 제이피모건 등 잘 알려진 대형 투자은행들이 모두 여기에 뛰어들었고, 기존의 에너지 상품을 취급하던 전문 거래기업들도 배출권거래로 업무영역을 확대해나갔다. 물론 탄소 관련 상품만을 전문으로 취급하는 기업도 유럽뿐만 아니라 배출권거래제가 시행되고 있지 않은 다른 지역에서까지 여기저기 만들어졌다.

그림 2.1 전 세계 배출권거래소 현황

노르드 폴(Nord Pool ASA)
(노르웨이 리사커)

유럽기후거래소   클라이맥스(Climax)   베이징/상하이 환경거래소
(FCX)(영국 런던)   (네덜란드 암스테르담)

오스트리아
에너지거래소
(EXAA)(그라츠)   인도상품거래소(MCK)
                        배출권 시장 개설
유럽에너지거래소(EEX)
(독일 라이프처히)

센데코2(스페인 바르셀로나)

탄소거래소(MCEX)
(캐나다 토론토)

시카고기후거래소
(미국 시카고)

뉴사우스웨일스 감축기구
(호주 뉴사우스웨일스)

* 한국의 경우 한국거래소에서 배출권거래제
  시행에 맞춰 배출권거래소를 개설 준비 중에 있음.

이런 활발한 배출권거래시장 분위기에 힘입어 개도국에서의 CDM 사업에
도 많은 투자가 이루어져, 유럽에서 배출권거래제가 처음 도입된 2005년 이
후 급격히 늘어 총 4,000억 달러 이상에 달하는 것으로 추정하고 있다.

배출권거래제 역시 일종의 유행이 되었다. 유럽에 이어 2008년에 뉴질랜
드, 2012년에는 호주, 2013년에는 카자흐스탄이 각각 국가적 차원의 배출권
거래제를 도입했다. 미국도 비록 교토의정서는 비준하지 않았지만 캘리포
니아 주정부에서 배출권거래제를 도입했고, 특이하게 동부지역의 발전소들
을 대상으로 한 거래제(Regional Greenhouse Gas Initiative: RGGI) 역시 2009년부
터 시행되었다. 캐나다의 퀘벡 시도 미국 캘리포니아 배출권거래제에 합류
했고, 일본도 도쿄, 교토 등 지방자치단체 차원에서 배출권거래제를 2010년
부터 시범 시행하고 있다. 심지어 중국도 베이징, 상하이 등을 비롯한 일곱
개 성에서 시범사업을 추진하고 있다. 이에 질세라 한국도 2015년부터 배출
권거래제를 도입하기로 하고 관련법을 만들었다.

그림 2.2 탄소시장 규모

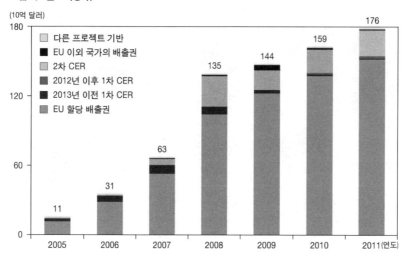

자료: World Bank.

이렇게 너도나도 분위기를 띄우자 거래 초기의 탄소배출권가격은 하늘 높은 줄 모르고 고공행진을 했다. 급기야 2006년 4월에는 EU 배출권거래 사상 최고치인 톤당 32유로를 기록하기도 했다. 돈이 되는 것 같아 보이니 사람들이 몰려들었다. 모든 사람들이 지구를 걱정하는 듯싶었고, 너도나도 '그린green'을 표방했다. 언론에서는 이를 '탄소 골드러시Carbon Gold Rush'[28]라고 불렀다. 드디어 배출권거래를 통해서 온실가스를 줄이는 비용이 최적화되고 탄소시장으로부터 나오는 탄소가격 시그널에 맞춰 사람들이 온실가스를 줄일 수 있는 최적화된 기술에 투자할 수 있도록 하는, 그리하여 탄소시장을 통하여 그린 테크놀로지를 가진 사람들이 돈을 벌고 더 나아가 탄소시장이 이런 그린 테크놀로지의 개발동기를 부여하는 배출권거래제 도입의 기본 취지가 성공적으로 달성되는 듯 보였다.

그러나 2013년 4월 16일, 그렇잖아도 유럽의 경기침체 때문에 급격한 수

그림 2.3 배출권거래제 도입 현황

● 배출권 거래제 시행 중
● 배출권 거래제 고려 중

요위축으로 톤당 5유로대를 벗어나지 못하고 있던 EU 배출권가격이 반 토막 나는 사태가 벌어졌다. 이날 유럽의회에서는 남아도는 배출권의 처리를 위한 특단의 조치가 표결에 붙여졌으나 334 대 315의 근소한 차이로 부결되어버렸다(참고로 이는 이듬해 2월에 다시 상정되어 의회를 통과했다). 이에 따라 탄소시장은 패닉 상태에 빠져들었다. 반 토막도 모자라 조만간 1유로대의 시대가 올 것이라는 비관론이 팽배했다. 1유로라면 사실상 휴지 쪼가리라는 말이었다. 마침내 EU 배출권거래제는 이제 정책적 유효성을 상실했다는 의견들이 여기저기서 나왔다. "이 결정은 기후정책의 유럽식 접근법이 끝났음을 의미한다"라고 ≪슈피겔Der Spiegel≫ 지는 단정 지었다.

도대체 무슨 일이 있었기에 유럽의 탄소시장이 이렇게 천당과 지옥을 오가게 되었을까? 그 짧지 않은 이야기를 하고자 한다.

거대한 실험장 유럽

교토의정서가 채택되고 이와 관련된 세부 규칙이 마라케시에서 확정되자 EU는 전례 없는 실험적 정책을 도입했다. 온실가스를 많이 배출하는 공장에서 뿜어낼 수 있는 온실가스 배출총량을 규제한 것이었다. 우선 1단계로 2005~2007년의 3년간, 발전소와 에너지다소비 공장을 대상으로 배출할 수 있는 온실가스 총량을 총 63억 톤(연간 21억 톤)으로 제한했다. 그리고 이를 과거 온실가스 배출량을 기준으로 공장별로 할당하고, 필요하면 언제든지 사고팔 수 있도록 했다. 또한 할당된 배출권(EU Emission Allowance: EUA) 대신에 교토의정서에서 정한 CDM 사업에서 발생된 온실가스 감축실적(Certified Emission Reduction: CER)을 일정량 사용할 수 있도록 허용했다. 세계 최초로, 그것도 초대형 규모로 온실가스 배출권거래제를 실시한 것이다.

그리고 2단계는 교토의정서상의 선진국 온실가스 감축의무 기간과 일치하는 2008년에서 2012년의 5년간을 대상으로, EU 회원국 외에 노르웨이 등 주변 3개국을 포함한 1만 1,000여 개 공장으로 확대하여 총 100억 톤(연간 20억 톤)으로 총량을 제한했다. 이는 당시 배출권거래제에 참여하는 국가들이 배출하는 온실가스 총량의 45%에 달했다. 더 나아가서 3단계는 2013년에서 2020년까지로, 기간을 8년으로 확대하고 할당량도 최종년도인 2020년에는 16억 5,000만 톤으로 줄이는 등 배출량 규제를 더욱 강화해나갔다.

이런 배출권거래제에 대해 EU 집행위원회는 "탄소에 가격을 정하고 온실가스 감축실적에 경제적 가치를 부여함으로써, 기후변화 문제를 기업의 주요 어젠다가 되도록 만들었다. 그리고 충분히 높은 탄소가격은 저탄소 기술에 대한 투자를 촉진하고 있다"고 홈페이지에서 자체 평가하고 있다. 또한 "국제 배출권을 사용하는 것을 허용함으로써, 특히 개도국에서 친환경기술과 저탄소 솔루션에 대한 투자의 주요 동인이 되고 있다"고도 밝히고 있

그림 2.4 배출권가격 변동 추이

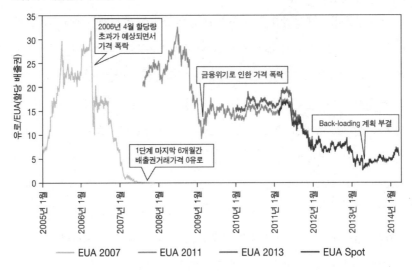

그림 2.5 EU 배출권거래제 할당 개요

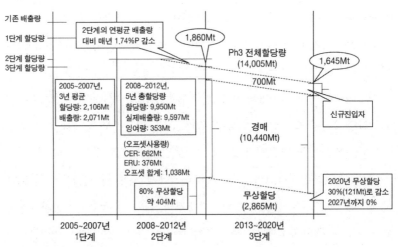

다.[29] 그런데 놀랍게도, 어디에도 이에 참여하는 기업의 부담이나 거래제 자체의 유효성과 효율성을 확보하기 위한 전제 등에 대한 언급은 없다. 아마도 그런 문제는 이미 다 정리된 것으로 간주하는 모양이다. 그 대신 "거래 때문에 나타난 유연성은 가장 싸게 줄일 수 있는 곳에서 먼저 온실가스를 감축할 수 있게 한다"고 자랑스럽게 적고 있다.

배출권거래제 탄생의 비밀?

사실 교토 당사국총회에서 EU는 온실가스 배출권거래제가 포함되어 있는 교토메커니즘을 교토의정서에 포함시키는 것에 애초부터 반대했었다. 그런데 미국의 고집에 밀려 어쩔 수 없이 이에 합의했던 EU에 의해 배출권거래제가 본격적으로 시행되었다는 점은 상당히 의외였다. 그러나 당시 여건을 살펴보면 EU의 고민도 일정 부분 이해되는 면이 있다.

1990년대 들어서며 기후변화 문제가 본격적으로 이슈화되기 시작하고 기후변화협약서가 만들어지자 EU는 역내 온실가스 감축을 위한 다양한 정책을 시행해나갔다. 그중 가장 중요하며 대표적인 것이 EU 회원국 전체가 함께하는 탄소세의 시행이었다. 그러나 이 탄소세가 영국의 지속적인 반대로 시행이 불가능하게 되어버린 데다, 독일과 영국을 제외한 회원국들의 온실가스 배출량은 지속적으로 증가해서 자칫 교토의정서상의 국가목표를 달성하는 것이 어려울 것처럼 보였다. 이렇게 꼬인 여건을 타개하기 위해 2000년 봄 EU 집행위원회가 전격적으로 배출권거래제를 도입하자는 안을 만들어 본격적인 의견수렴에 들어갔다. 그리고 마침내 2003년 7월, 2005년 1월 1일부터 배출권거래제를 실시한다는 규정이 공표[30]되었다. EU의 법 제정절차가 복잡하고 이해당사자들의 의견이 첨예하게 부딪힌다는 점을 감안할

표 2.1 BP, Shell 두 회사의 사내 배출권거래제 사례

BP	Shell
국가거래제도 도입 전 2년간 운영(2000~2001년)	국가거래제도 도입 전 3년간 운영(2000~2002년)
112개 사업장 대상 강제참여/ 톱다운 방식	30개 사업장 대상 자발적 참여/페널티 적용 방식
2010년까지 1990년 대비 10% 감축목표 설정	2010년까지 1990년 대비 5% 감축목표 설정
2001년에 1990년 대비 10% 감축성과	2002년에 1990년 대비 10% 감축성과

때 놀라울 정도로 일이 빨리 진행된 것이었다.

어쨌든 산업계는 기본적으로 이런 배출권거래제의 시행이 마뜩치 않았다. 대표적으로 앞장서서 배출권거래제를 반대한 기업으로 독일의 다국적 화학기업인 BASF가 있었다. BASF는 기업차원에서뿐만 아니라 독일정부와 유럽 화학산업협회를 동원해서 전 방위적으로 반대의견을 개진했다. 그러나 초대형 다국적 에너지기업인 BP와 Shell이 배출권거래제에 찬성하며 EU 집행위원회에 힘을 실어주었다. 당시 두 회사는 기후변화 문제의 중요성이 부각되자 발 빠르게 전 세계에 흩어져 있는 자사의 정유공장들을 대상으로 사내 배출권거래제를 시행하고 있었다. 그리고 태양에너지를 비롯한 신재생에너지 분야에 많은 관심을 표명하며 적지 않은 투자를 하고 있었다. 그렇다 해도 화석연료를 취급하여 큰돈을 벌고 있던 두 회사가 배출권거래제를 적극 지원하고 나선 것은 꽤 놀라운 일이었다. 또 당시 15개 EU 회원국의 전력시장은 완전히 자유화되어 있었다. 따라서 배출권거래제로 전기요금의 인상요인이 발생해도 손쉽게 이를 반영할 수 있는 구조였다. 그렇기 때문에 배출권거래제의 중심역할을 할 전력회사의 경우, 이를 끝까지 나서서 반대할 명분이 별로 없었다. 여기에 더해서, 특히 배출권거래제 도입을 처음 논의할 때 동구권이 EU 회원국이 아니었다는 점은 배출권거래제 도입

을 찬성하는 사람들에게는 엄청난 행운이었다고 할 수 있었다. 만일 전력시장이 자유화되지 않고 석탄 화력발전이 주를 이루는 동구권이 배출권거래제 논의에 참여했다면, 짐작하건데 완전히 다른 결과가 나왔을 것이다. 어쩌면 배출권거래제 자체가 없었던 일이 되었을지도 모른다는 생각도 든다. 참고로 폴란드, 헝가리, 체코 등을 포함한 10개국이 EU 회원국이 된 것은 배출권거래제 도입이 확정된 지 얼마 지나지 않은 2004년 3월 1일이었다.

탄소누출

배출권거래제도 도입에 강하게 반대하고 나선 기업들이 내세운 논리가 바로 해당 산업의 경쟁력 저하와 이에 따른 탄소누출Carbon Leakage이었다.

배출권거래제 때문에 EU 역내의 기업들은 추가적인 온실가스 감축비용이 들게 되므로, EU 이외의 국가에 있는 기업과 비교해볼 때 그만큼 경쟁력을 잃게 된다. 이런 경쟁력 문제는 온실가스를 많이 배출할수록, 즉 에너지 다소비 업체일수록 심각해진다. 만일 이런 점을 무시하고 규제를 계속적으로 유지·강화해나간다면, 결국 경쟁력을 잃은 에너지다소비 기업은 문을 닫거나 아니면 배출권거래제가 시행되지 않는 지역으로 이전할 수밖에 없다. 이렇게 되면 배출권거래제를 시행하는 지역에서의 온실가스 배출량은 줄어들 수도 있다. 그러나 그렇지 않아도 심각한 제조업의 역외이탈과 공동화 현상은 더욱더 가속화된다. 게다가 궁극적으로는, 배출권거래제가 시행되지 않는 지역에 있는 상대적으로 효율이 낮은 설비의 가동률을 높여 온실가스를 더 많이 발생시키는 극히 바람직하지 못한 일이 일어난다. 결국 전 지구적으로는, 배출권거래제를 통하여 온실가스 발생량이 감소되는 것이 아니라 오히려 증가하는 웃지 못할 사태가 발생하게 된다. 이를 일컬어 '탄

표 2.2 유럽 시멘트협회의 탄소누출에 대한 의견

구분	탄소누출	부가가치손실액	고용감소	온실가스 배출 증가
탄소가격 25유로 100% 유상할당	약 80%	약 36억 유로	약 3만 5,000개	약 3,800만 톤

주: 탄소가격 35유로의 경우 시멘트업체 100% 경쟁력 상실.
자료: The Boston Conculting Group(2008). "ASSESSMENT OF THE IMPACT OF THE 2013-2020 ETS PROPOSAL ON THE EUROPEAN CEMENT INDUSTRY" CEMBUREAU. http://www.cembureau.eu/sites/default/files/documents/BCG%20Carbon%20LeakageAssessment_14. 11.08.pdf

소누출'[31]이라 한다.

정부의 정책에 산업체가 반대할 때 통상적으로 쓰는 방법이 관련 협회를 대변인으로 내세우는 것이다. 자칫 해당 기업이 직접 나섰다가는 잘못하면 정부 당국에 미운털이 박히는 수가 있다. 유럽에서도 딱 이런 방법이 동원 됐다. 대표적인 에너지다소비 업종이며 온실가스를 대량으로 배출하는 업 종인 철강협회와 시멘트협회가 먼저 나섰다. 특히 시멘트협회는 전문기관 의 용역을 통해 배출권가격이 35유로 수준에(유럽의 배출권거래제 설계 시 목 표가격이 35유로인 것으로 알려져 있다) 이르면 유럽 내 전 시멘트업체의 경쟁 력이 없어질 것이고 3만 5,000개의 일자리가 직접적인 위협에 직면할 것이 며, 반면 온실가스는 탄소누출 효과로 오히려 최대 3,800만 톤까지 증가할 것이라 주장했다. 이후 2010년부터는 이런 에너지다소비 업종의 관련 협회들 이 함께 모여 에너지다소비 산업연합Alliance of Energy Intensive Industries을 결성 하여 본격적으로 배출권거래제에 시비 걸고 나섰다.

Wind Fall Profit

어쨌든 약간의 행운과 우여곡절 끝에 유럽의 배출권거래제는 3년의 시범 기간을 거쳐 2008년부터 본격 시행되었다. 그러나 해당 산업의 '경쟁력 저하와 탄소누출'이라는 이슈는 지속적으로 관계자의 발목을 잡게 된다. 여차 하면 보따리 싸서 나가겠다고 협박하는 산업체의 불만을 해결할 방법은 '잘 해주겠다'고 달래는 것 이외에는 딱히 없었다. 잘해준단 얘기는 결국 할당을 넉넉하게 해준다는 것을 의미했다. 여기에 더해 일부 기업들은 어차피 벌어진 배출권거래제의 판에서 자사의 이익을 극대화할 수 있도록 발 빠르게 로비활동을 벌였다.

그러한 대표적인 기업으로 룩셈부르크에 본사를 두고 전 세계 20개국(그 중 유럽은 독일, 프랑스 등 6개국)에 산재한 제철소에서 세계 철강생산의 10%를 담당하고 있는 다국적기업 아르셀로미탈을 들 수 있다. 유럽에서의 배출권 거래가 본격적으로 시행되는 것이 결정되고 각 국가별로 대상기업에 대한 할당작업이 한창 진행되고 있을 때, 아르셀로미탈의 미탈Lakshmi Mittal 회장이 EU 집행위원회 환경장관에게 반(半)협박성 편지를 보냈다. 만일 EU 집행위원회의 계획대로라면 배출권을 확보하기 위해 추가적인 비용이 들어가게 되니 어쩔 수 없이 효율이 떨어져, 온실가스 발생량이 더 많은 EU 바깥에 있는 자사의 다른 제철소에서 생산량을 늘려 이를 수입하는 수밖에 없다는 것이 주된 요지였다. 다국적기업답게 구체적인 방법론을 들면서 탄소누출을 전가의 보도처럼 휘두른 것이었다. 그 편지에서 그는 "아르셀로미탈은 이미 모든 관련 정부와 접촉을 해서, 전부는 아니지만 대부분의 정부당국자가 철강산업의 현재까지의 성취와 미래의 잠재력, 그리고 철강산업의 니즈를 고려해서 할당작업을 했다"고 밝히고 있다. 이것은 유럽에 공장이 있는 6개국 정부를 대상으로 전 방위적으로 로비를 해서 대부분의 경우 성공적인 결과

표 2.3 에너지다소비 업체 총불로소득(2009년)

(단위: 유로)

구분	총 불로소득
ThyssenKrupp(철강)	1억 1,200만
Shell(정유)	700만
BASF(화학)	1,200만
Dyckerhof(시멘트)	400만

자료: CITL, Point Carbon, öko-Institute.

를 가져왔다고 이야기하는 것과 다름없었다. 결국 아르셀로미탈은 2008년 한 해만 해도 2,000만 톤 이상의 배출권이 남아돌았고, 1억 유로 이상의 배출권 판매수익을 올린 것으로 알려졌다. 이런 현상은 정도의 차이는 있지만 철강, 시멘트 등 에너지다소비 산업 전반에서 동시에 일어났다. 여기저기서 돈벼락 맞는 소리가 들렸다.

배출권거래제의 전부, 할당

결국 문제는 할당이었다. 어느 정도로 할당하느냐. 이것이 배출권거래제의 성패를 결정짓는 핵심 사안이다. 빡빡하게 할당하면 사겠다는 사람이 늘어나서 배출권가격은 높아지고, 이에 따라 기업의 부담이 커진다. 너무 느슨하게 할당하면 너도나도 팔겠다고만 해서 배출권가격은 폭락하고 거래는 실종될 것이다. 그렇다고 거래 잘되게 하자고 무작정 할당을 타이트하게 하는 것도 우스운 모양이 된다.

이런 할당강도를 결정하는 잣대는 얼마나 절실하게 온실가스를 줄일 필요가 있는가 하는 온실가스 감축의 우선순위에 달려 있다. 문제는 이 온실

표 2.4 주요 배출권거래제의 할당방법 비교

EU	발전사 100% 유상할당. 일반 산업체 유상할당 점진적으로 강화 2020년 70% 수준으로 상승 목표. 탄소누출 우려 업종 예외 인정. 항공부문 15% 유상할당.
호주	고정가격으로 구매. 2015년부터 경매. 에너지다소비 업체 등은 최대 94.5% 무상할당(이후 연 1.3%씩 축소) 등 다양한 산업체 지원프로그램 마련.
뉴질랜드	할당량 없음. 오프셋 무제한 사용 가능. 발전사 제외. 농업부문은 보고의무만 있음.
카자흐스탄	2010년 실적에 따른 무상할당. 10여 개 이상의 참여자가 요구할 경우 비축된 할당량 중 일정량을 추가로 경매.
캘리포니아 주	벤치마크 방식에 의한 무상할당. 추가로 필요한 양을 경매(경매 최저가 톤당 10달러). 경쟁력 문제 발생 시 무상할당.
RGGI	경매에 의한 유상할당. 3.3%까지 오프셋 사용가능. 경매가격이 톤당 7달러, 10달러에 달하면 5%, 10%까지 확대이용가능.
퀘벡 시	과거실적, 생산수준, 원단위에 따라 100% 무상할당.
중국	원단위 또는 벤치마크 방식에 의한 무상할당.
한국	무상할당 100%. 2018년부터 97%. 할당량 결정방법 아직 미정.

가스 감축의 우선순위가 사람마다 다 제각각이라는 데 있다. 지구를 걱정하는 뜨거운 가슴을 가진 환경운동가에게 온실가스 감축은 무엇보다 중요하겠지만, 할당을 받고 돈을 들여야 하는 기업가의 경우도 그렇다고 얘기할 수는 없다. 따라서 몹시 어렵기는 하나, 이런 다양한 눈높이를 조율하여 합리적 할당의 균형점을 찾아내는 작업이 대단히 중요하다. 이 균형점은 대게 국가의 감축목표가 있는지 여부와 그 감축목표가 얼마나 의욕적인지에 영향을 받는다. 뚜렷하고 강한 국가감축목표가 있다면, 이것이 기후변화협약상의 의무이든 자발적으로 정한 것이든, 이 균형점은 상당히 높은 수준에 이르게 된다. 반면에 이런 외부적 동인이 그리 강하지 않다면 당연히 이 균형점은 느슨한 모양새가 될 수밖에 없다.

EU의 경우는 전 세계에서 가장 강한 온실가스 감축목표를 내걸고 필요하다면 이를 더욱 강화하겠다고 이야기하고 있다. 따라서 EU 배출권거래제에서의 할당수준은 상당히 타이트할 것으로 짐작할 수 있다. 실제 2008년에 전체 대상기업에 20억 톤 정도가 할당되었는데, 이들이 실제 배출한 양은 21억 톤에 달했다. 따라서 이 당시 배출권가격은 25유로 수준으로 상당히 강세를 유지했고 탄소시장은 활발하게 작동하는 듯 보였다(물론 이후 세계적인 금융위기로 가격이 폭락하기는 했지만). 이에 비해 뉴질랜드나 미국의 RGGI의 경우에는 너무 느슨한 할당으로 배출권거래제로서의 의미를 찾기가 사실상 어렵다. 이외에 호주, 카자흐스탄, 캘리포니아 주 등의 경우에는 제도가 시행된 지 얼마 되지 않아 아직 그 유효성을 평가하기에는 이른 면이 있다. 다만 현재 진행되고 있는 전반적인 모양으로 보아서는 모두 할당수준이 그리 강하지는 않은 듯 보인다. 전체적으로 보면 EU 이외의 지역에서 시행되고 있는 배출권거래제는 지금 당장은 거래제를 통해서 의미 있는 온실가스 감축효과를 거두는 것이 목적이라기보다는 미래를 대비한 연습을 하는 시범적 성격이 강하다 할 수 있다. 그리고 나서 과연 EU에서 어떤 일이 벌어지나 지켜보고 있다고나 할까.

나는 못해도 너는 하세요

어쨌든 배출권거래제를 본격적으로 시행할 때 규제 당국은 할당과 관련해 굉장히 어려운 결정을 해야 한다. "뭐, 온실가스를 뿜어내지 않기 위해 기업이 있는 것은 아니니까, 합리적인 설명이 가능하다면 생산계획 등 향후 기업의 사업 여건에 맞춰 할당량을 정하는 것이 맞아" 또는 "온실가스를 줄이는 것은 무엇보다 우선해서 지켜져야 할 사안이야. 규제받는 입장의 이런 저런 사연을 듣기 시작하면 제대로 할 수 있는 일이 아무것도 없다는 것을

표 2.5 QELROs와 EU ETS 할당의 비교

구분	QELROs	EU ETS 할당
주요내용	법적 구속력 있는 국가감축목표	사업장별 온실가스 총량규제
설정방법	협상에 의한 자발적 설정	법에 따른 강제할당
목표달성	교토메커니즘 활용	오프셋 사용 부분허용, 거래가능
거래형태	국가 간의 거래는 의사결정의 경직성으로 매우 제한적으로 발생	자유로운 거래, 활발한 브로커 활동

이미 경험을 통해서 잘 알고 있지. 그러니 묻지도 따지지도 말고 필요한 양만큼만 할당을 하고 못 맞추겠다면 다른 데서 배출권을 사라고 해. 그래서 배출권거래제를 하는 거잖아". 전자는 할당량을 정상수요Business as Usual에 맞춰 정하는 것이고, 후자는 기준년도 대비 절대량을 정하는 것이다. 아니, 이건 어디선가 많이 들어본 이야기 아닌가! 바로 기후변화협약장에서 국가별 감축목표를 정할 때 벌어지고 있는 딱 그 모양새다. 다만 기후변화협약장과는 달리 배출권거래제에서는 정부당국이라는 강력한 규제자가 있다는 차이가 있을 뿐이다. '법적 구속력이 있는 계량화된' 기후변화협약장에서는 '국가목표', 배출권거래제에서는 '기업별 할당'에 따른 문제점은 두 경우 모두 같다고 할 수 있다. 하긴 교토메커니즘을 그대로 가져와 국내정책으로 전환한 것이 배출권거래제이니 닮지 않을 방법도 없다. 여하튼 '국가목표(기업별 할당)를 정하고 이를 달성하기 위해서 필요하다면 교토메커니즘(배출권거래제)을 활용하고 목표를 달성하지 못했을 경우에는 일정 부분 불이익(벌금)을 주는' 교토의정서 식 접근법을 받아들일 수 있네, 없네 하고 다투던 정치가들이 자국으로 돌아가서는 기업의 CEO들에게는 이를 강요하는 재미있는 일이 벌어지고 있다.

놀라운 EU의 할당방법론

필요로 하는 사람은 많은데 줄 것은 부족하면 어찌해야 할까? 원론적으로 이야기하면 기후변화협약장에서도 자주 거론되는 형평성의 원칙인데, 이 문제를 해결하기가 쉽지 않다. 일상에서 가장 널리 쓰이는 방법은 그냥 머릿수로 나누는 'n분의 1' 방식이다. 받는 입장의 필요나 능력 따위는 전혀 신경 쓰지 않는다. 그냥 똑같은 양으로 나눈다. 공평하게. 나누는 사람 입장에선 아주 편하다. 그러나 문제가 좀 있다. 필요하지도 않은데 주는 경우도 나오고, 능력도 없는데 부담시키는 경우도 있을 수 있다. 따라서 이런 것을 생각해서 조금 진화된 방법이 똑같은 비율로 나누는 방법이다. 비율을 나누는 기준은 그때그때 다를 수 있다. 필요한 양에 따라 비율을 정할 수도 있고, 과거실적을 참고해서 정할 수도 있다. 얼마나 필요한지는 평가하기가 쉽지 않으니 보통 과거실적을 많이 참고한다. 예를 들어 수산자원 보호를 위해 어획쿼터를 처음 할당할 때 사용되는 게 이 기준인 경우가 대부분이다. 총 허용어획량을 선사별 과거 어획량을 기준으로 비례 배분하는 방법이다. 그러나 이 방법은 자칫 기득권자의 권리를 지나치게 보호해주는 부작용을 낳을 수 있다. 이외에 좀 극단적인 방법으로 한국에서 '경제개발 5개년계획' 시절에 사용해서 톡톡히 덕을 본 '되는 집 밀어주기'도 있고, 백화점 세일할 때 미끼상품 주는 것처럼 '선착순'도 있다.

그러면 배출권은 어떤 식으로 나눠 주는 것이 좋을까? 과거실적에 따라 나눠 주려니 비효율적으로 배출시설을 관리해서 온실가스를 상대적으로 더 많이 배출하는 업체를 오히려 우대하게 된다는 지적이 나온다. 온실가스를 줄이기 위해 배출권거래제를 실시하는데, 이건 기본적으로 말이 좀 안 된다. 그러나 초기단계에는 현실적으로 딱히 어쩔 수가 없다며 왕왕 이런 방법이 채택된다. EU도 처음에는 이런 방법을 사용했다. 그러나 최근 EU는 이를

표 2.6 EU의 벤치마크 할당방법론

벤치마크 대상	주요내용(TJ: 10^{12} 주울)	비고
제품	동일 제품별 사업장의 상위 10% 평균값	-
열	62.3 EUA/TJ(열 소비량)	제품 벤치마크가 불가능한 대상
연료	56.1 EUA/TJ(연료 소비량)	제품 및 열 벤치마크가 불가능한 대상

극복할 수 있는 아주 그럴듯한 방법을 마련했다. 똑같은 제품을 생산하지만 발생되는 온실가스의 양은 회사마다 시설마다 제각각이다. 따라서 이중에서 적당히 효율적인 상위권 회사의 발생량을 골라 이를 기준점으로 '벤치마크' 해서 할당을 하는 방법을 개발했다. 그러면 벤치마크보다 효율이 떨어지는 시설은 배출권이 부족하게 되고 효율이 높은 곳은 배출권이 남을 수도 있게 된다. 온실가스를 효율적으로 잘 관리하는 회사가 우대받고 그렇지 못한 곳은 불이익을 받게 된다. 즉, 정의가 구현된다. 문제는 이렇게 벤치마크를 설정하기 위해서는 믿을 만한 많은 데이터를 필요로 한다는 데 있다. 놀랍게도 EU 집행위원회는 이런 데이터를 모두 수집해냈다.

위기의 배출권거래제

블랙스완을 알지 못했다

그러나 아무리 정밀한 데이터를 가지고 열심히 노력해도, 앞서 살펴본 국가의 계량적 감축목표(QELROs)를 정하는 데 따른 리스크는 기업별 할당에도 그대로 나타난다. 물론 정도의 차이는 있다. 이미 우리는 수년 앞을 내다보고 국가의 온실가스 감축목표를 정하는 것이 얼마나 어려운지 이야기했다. 마찬가지로 배출권거래제에서도 수년 앞을 내다보고 각 기업의 온실가스 배출량을 결정해야 한다. 그러나 아무리 합리적으로 알맞게 결정된 할당의 균형점도 여건이 바뀌면 그 합리성을 잃을 수 있다. 2008년 말 유럽에서 그런 일이 벌어졌다. 20억 톤 할당에 21억 톤을 배출해서 기가 막히게 균형점을 찾은 듯 보였던 유럽의 배출권시장은 세계적으로 불어닥친 금융위기로 완벽하게 망가져버렸다. 제조업의 가동률이 바닥을 치자 기업마다 온실가스가 남아돌았다. 배출권가격은 2009년 내내 초약세를 면치 못하고 50% 가까이 폭락하여 13유로 수준으로 마감되었다.* 한번 떨어진 제조업가동률은 다시 오를 줄을 몰랐고 남아도는 배출권은 계속해서 쌓여갔다. 본격적

그림 2.6 제조업가동률과 이산화탄소 배출량 상관관계

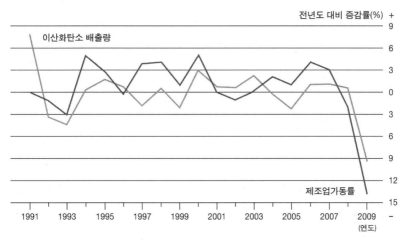

자료: Bank of America Merrill Lynch, 「국제 원자재 연구보고서」.

인 배출권거래제가 일차적으로 끝난 2012년 말에는 배출권거래제에 참여하는 기업들의 1년치 할당량인 20억 톤 이상이 남아돌게 되었다. 교토의정서 체제에서 동구권을 중심으로 아무 감축노력을 기울이지 않았음에도 자국 내 제조업의 급격한 몰락 때문에 국가감축목표를 달성하고 남아도는 핫에어가 대량 발생된 것처럼, 금융위기는 유럽의 거의 모든 기업에서 배출권이 남아돌게 만들었다. 이 20억 톤에 이르는 잉여배출권 때문에 현재의 탄소시장은 완전히 망가져버렸다.■ 또한 이를 적절하게 걷어내는 방법을 강구하지 못한다면 향후 2020년까지 시행되는 제3기 EU 배출권거래제의 앞날도 암울할 수밖에 없다.

정상적이라면 이런 비정상적인 경우를 대비한 대책이 마련되어 있어야

■ 〈그림 2.4〉 배출권가격 변동 추이 참조.

한다. 그러나 유럽의 배출권거래제에는 이런 경우를 대비한 아무런 비상구도 마련되어 있지 않았다. 하긴 어떤 의미에선 할당과 관련해서 비상시를 대비한 특별한 대책을 마련하는 데는 현실적인 어려움도 따른다.

예상하기 힘든 주변 여건의 변화로 비정상적으로 수급상의 어려움이 생길 경우, 이를 해결하는 기본 접근법은 간단하다. 수요가 초과되면 공급을 늘리든가 수요를 줄이면 된다. 반대로 공급이 초과되면 공급을 줄이든가 수요를 늘리면 된다. 어떤 복잡한 방법론을 동원하든, 어떤 어려운 전문용어를 사용해서 설명을 하든 다른 방법은 없다. 각종 통화안정기금, 가격안정기금 등 한때 유행했던 각종 안정기금, 평형기금 유가 대부분 이런 기능을 하기 위해 만들어졌다. 남아돌면 사뒀다가 모자랄 때 시장에 내놓는 게 이런 기금의 주 업무였다. 대게 이런 기금은 통상 단기간의 수급변화나 농산물처럼 일정 주기를 가진 변화에서 완충역할을 하는 데 상당히 유효하다. 그러나 아무도 예상치 못했고 일생에 한 번 보기도 어려운 금융위기라는 블랙스완Black Swan[*]이 나타났을 때, 배출권거래제 측면에서 이런 기금은 위기에 대응하는 방법으로 그리 적합하지 않을 뿐 아니라, 대응을 한다 해도 제대로 된 효과를 발휘하기 위한 소요자금 규모가 감당하기 어려울 정도로 크게 된다.

금융위기 후 초약세를 보이고 있던 탄소시장을 정상화(?)하기 위하여 일부에서 '탄소중앙은행Carbon Central Bank'을 설립하자는 의견도 나왔으나 그리 큰 호응을 얻지는 못했다. 또한 EU 집행위원회가 국제법상의 많은 문제제기에도 EU 역내를 운항하는 항공기들을 배출권거래 대상으로 추가하려는 노력을 했으나, 탄소시장에 대한 영향은 제한적이었다. 다만 2013년부터

---

[*] 탈레브(Nassim Nicholas Taleb)가 같은 제목의 책에서 처음 경제학적인 용어로 사용한 것으로 알려져 있다. 일생에 한 번 있을까 말까 한 사건의 발생과 그 사건에 대한 대응 방법을 포괄적으로 말한다. 혹은 통계적 극단 값을 의미한다.

표 2.7 EU 항공부문 배출권거래제

적용대상	EU 역내 공항에서 출발 또는 도착하는 모든 항공기. 단, 군용기, 국가원수전용기, 전 세계 항공분야 온실가스 배출량의 1% 이하인 개도국에서 출발 또는 도착하는 항공기 등은 제외.
적용구간	유럽경제구역(European Economic Area: EEA, EU 회원국 및 노르웨이, 아이슬란드 영공).
적용시기	2014~2020년 ICAO에서 Market-Based Mechanism(MBM)이 시행될 때까지.
총할당량	과거 운항실적의 95%.
할당방법	무상할당 82%, 유상할당 15%, 신규진입 유보분 3%.
특이사항	항공부문에 할당된 배출권은 일반 산업체에서 사용 불가.

시행되는 제3기 배출권거래제 기간으로 배출권을 이월할 수 있다는 규정만이 남아도는 배출권이 휴지 조각이 되는 것을 막는 유일한 안전장치 역할을 했다. 결국 언젠가 경기가 회복되어 제조업의 가동률이 올라가는 것을 기다리는 것 이외에 달리 배출권 수요를 늘릴 뾰족한 수가 있을 수 없었다. 그렇다면 남은 방법은 공급을 줄이는 수밖에 없다.

편도 티켓, 조커가 없었다

하늘 높은 줄 모르고 치솟던 배출권가격이 금융위기 때문에 10유로 아래로 폭락하고 있던 2009년 4월, EU 의회는 2013년부터 8년간 시행될 제3기 EU 배출권거래제의 원활한 수행을 위한 관련 규정 수정안을 통과시켰다. 수정된 규정은 거의 조각그림 맞추기 퍼즐 같았다. 예를 들면 이런 식이었다. "2013년부터 매년 발행할 할당량은 2008년부터 2012년까지의 기간 중 중간점(왜 2010년이라고 쉽게 쓰지 않았는지 알 수가 없다)을 시작으로 해서 선형으로 감소시킨다. 그 할당량은 2008년부터 2012년까지 기간의 국가할당계획에 대한 위원회의 결정에 따라 회원국에서 연간 발행한 배출권의 평균과 비교하여 1.74%의 선형 비율로 감소시킨다." 1.8%나 1.7%가 아니고 1.74% 란다. 그렇게 해서 최종년도 배출량을 16억 4,500만 톤으로 제한했다. 그리고 배출권가격 변동이 심한 경우에 경매량을 늘려 배출권 공급량을 조절할 수 있도록 하는 29a 조항을 신설했다.* 그러나 이 비상시 조치사항은 가격이 비정상적으로 비싸질 경우를 대비한 것으로 공급 초과 때문에 일어난 가격 폭락에 대비해서는 아무런 수단도 마련된 것이 없었다. 사실 가격이 폭등할 때 공급을 늘리는 것에는, 혹 특별히 배출권이 남아도는 예외적인 기업을 제외하고, 대부분의 기업들은 반대 의견을 낼 이유가 없다. 해당 기업의 부담이 줄어들 테니까. 그러나 그 반대의 경우라면, 즉 가격이 낮아 그것도 아주 낮아 배출권거래제의 부담이 거의 없는 상태에서 거래를 활성화하겠다고 갑자기 공급을 줄이는 특단의 조치를 취해 배출권가격을 억지로 올린다면 모두 적극적으로 나서서 반대할 것이다. 이때 기업 측 논리는, "아니 배출권거래제 잘하자고 온실가스 줄이나!"라는 말로 대변될 수 있다. 결국 '과도한 가격변동 시의 조치'를 정한 29a 조항은 배출권가격이 오를 때만 사용할 수 있는 편도 티켓이었다. 이런 한 방향으로만 작동하는 제한적인 수단으로는 금융위기라는 태풍의 한가운데서 가라앉고 있는 EU의 배출권거래제를 구해내는 것이 불가능했다. 그때 당장 필요했던 것은 블랙스완을 처리할

■ 다음과 같은 내용이다.
1. 배출권가격이 6개월 이상 연속해서 과거 2년간의 유럽 탄소시장의 평균가격을 초과하면, 집행위원회는 즉시 위원회를 소집한다.
2. 배출권가격의 진전 상황에 따라 다음과 같은 조치들을 취할 수 있다.
  (a) 경매 예정량 중의 일부를 회원국들이 우선 경매하는 것을 허용하는 조치
  (b) 신규 진입자를 위해 유보한 배출권 중 남은 양의 25%를 추가 경매하는 것을 허용하는 조치

'비상시를 대비한 할당량 재조정권'이라는 전지전능한 조커였다. 그러나 할당량의 사후 재조정이라는 이슈는 배출권거래제를 들여다보는 근본적인 시각과 관련된 문제였다.

사전적이냐, 사후적이냐

특정기업의 특정설비에서 발생하는 온실가스의 양에 영향을 주는 대표적인 요소로는 설비의 가동률, 생산 제품의 종류, 테크놀로지 옵션 등을 들 수 있다. 가동률과 생산 제품의 종류는 전반적인 경제상황과 제품생산에 대한 기업의 전략적 결정에 의해 좌우된다. 경기가 좋아 공장가동률이 높아지고 생산과정에서 온실가스가 상대적으로 더 많이 발생되는 제품의 생산비중이 높아지면 온실가스의 발생이 많아질 수밖에 없다. 온실가스를 줄이는 테크놀로지 옵션은, 설비를 정상 상태로 유지하는 데 들어가는 수선유지적 성격이 강한 단기간에 성과를 낼 수 있는 것과, 본격적인 시설 투자를 동반하는 중장기적 성과를 낼 수 있는 것으로 대별할 수 있다.

기본적으로 기업은 돈을 잘 벌기 위해 존재한다. 온실가스를 줄이기 위해 있는 것이 아니다. 온실가스를 줄이기 위하여 가동률을 낮출 수도, 그렇다고 잘 팔리는 물건을 두고 온실가스가 덜 발생한다는 이유로 덜 팔리는 물건을 만들 수도 없다. 또 배출권거래제하에서 지금 당장 온실가스 발생이 문제인데 10년 후의 온실가스 발생을 줄일 수 있는 기술에 투자하는 것도 쉽게 결정할 수 있는 일은 아니다. 따라서 기업가의 입장에서, 또는 본인의 임기 중에 바로 성과를 내야하는 임원들의 입장에서, 온실가스를 줄이기 위해 주어진 시간 내에 할 수 있는 일은 생각보다 그리 많지 않다. 결국 기존설비에서 단기간의 온실가스 발생에 가장 큰 영향을 미치는 것은 경기변화에 따른 공장의 가동률 변동과 생산 제품의 변화라고 할 수 있다.

이런 상황에서 보통 온실가스 할당량은 경기변동과 관계없이 사전적으로 ex-ante 결정된다. 일반적인 기업가가 할 수 있는 일은? 단기 테크놀로지 옵션에 최대한 투자한다. 그리고 기다린다. 운이 좋으면 가동률이 떨어져서 배출권이 남아돌 수도 있다. 운이 더 좋으면 가동률이 올라가서 매출이 증가할 것이다. 단, 이 경우 배출권을 좀 사야 할지도 모른다. 이런 정도가 배출권거래제에 참여하게 되는 일반기업들의 행태라 할 수 있다(에너지 그 자체가 상품인 발전소나 석유화학, 제품생산에서 에너지 비용이 차지하는 비중이 특히 높은 철강, 시멘트 및 일부 요업분야 등은 예외적인 경우로 볼 수 있다).

공장의 가동률이 온실가스 발생량에 미치는 영향을 줄이기 위해 온실가스 할당량을 사후적ex-post으로 조정할 수 있다. 사후조정의 가장 극단적인 예가 공장이 문을 닫는 경우이다. 이 경우 그 공장에 할당된 배출권은 전부 무효화된다는 데 아무도 이견이 없다. 그럼 공장가동률이 50% 정도로 떨어지면 어떻게 될까? 아니면 한 30%면? 이럴 때도 사후조정을 해야 할까? 결국 이론적으로 합리적인 할당을 하려면 가동률의 변화에 따라 할당량을 변화시켜야 한다. 또는 제품 한 단위를 생산하는 데 필요한 온실가스의 양, 즉 온실가스 원단위에 맞춰 할당을 하는 것도 한 방법이 될 수 있다. 그런데 EU 규정상에는 기(旣) 배출권을 할당받은 공장이 문을 닫는 경우 이외에는 배출권 사후조정이 정해진 바가 없다. 그 외에는 신규로 배출권거래제 대상이 되는 기업에 대한 사후적인 배출권 할당과, 앞서 얘기한 '과도한 가격변동 시의 조치'를 정한 29a 조항이 전부다. 결국 EU 집행위원회는 온실가스의 할당과 관련하여 대단히 원론적이며 경직된 자세를 취하고 있음을 알 수 있다. 한번 할당계획이 수립되면 가능한 한 어떤 경우에도 이를 바꾸려 하지 않는다.

지금은 규칙이 바뀌었지만 EU의 제2기 배출권거래제 때만 해도 EU 집행위원회가 국가별로 온실가스 총량을 정해서 할당을 하면, 각국은 이에 맞춰 역내 기업들을 대상으로 국가할당계획을 수립해서 EU 집행위원회에 제출하도록 했었다. 이에 맞춰 2007년 독일이 다양한 형식의 사후조정이 가능한 형식으로 할당계획을 수립하여 제출했다. 예를 들면 공장가동률이 예년 대비 60% 이상 낮아지게 되면 배출권을 반납하도록 하는 등 가동률 변화에 따라 잉여로 발생하는 배출권을 합리적으로 처리하기 위한 여러 조치를 포함하고 있었다. 그러나 EU 집행위원회는 "할당량의 사후조정을 받아들이지 않는 것은 배출권시장 개발에 필수적이다"[32]라는 이유로 이를 받아들이지 않았다. 물론 EU 집행위원회의 이런 자세는 정책의 예측 가능성을 높여 시장의 신뢰를 받을 수 있다는 좋은 점이 있다. 그러나 이런 접근법은 기본적으로 기업별로 배출권을 할당하는 데 규제자가 합리적 결정을 내릴 수 있는 능력과 의지가 있는 것을 전제로 할 때에만 의미가 있다. 의지는 얼마든지 가질 수 있다. 하지만 어느 누가 사전적ex-ante으로 합리적 결정을 내릴 능력을 가지고 있단 말인가. 어떻게 몇 년 후 개별기업의 가동률이 어떨지 알 수 있단 말인가. 하물며 전혀 새로운 형태의 금융위기를 예측하는 것은 더욱 불가능한 일이었다. 결국 원론적인 원칙과 시장의 신뢰성만을 내세우며 일관된 자세를 견지한 EU 집행위원회는 바로 그 시장을 효율적으로 지키기 위한 경직성 때문에 시장을 한 방에 망가뜨리는 결과를 초래했다.

발 빠른 중국

이런 EU의 실패를 바라보며 중국은 완전히 사후적ex-post인 할당방법으로 배출권거래제를 설계했다. EU와는 반대되는 방법을 택한 것이다. 한국에 기

그림 2.7 **중국의 배출권거래제 시범 실시 지역**

▲ 공업지역
● 도시

베이징
톈진
상하이
허베이
광동
선전
충칭

획재정부가 있다면 중국에는 국가발전 개혁위원회(National Development and Reform Commission: NDRC)가 있다. 이 NDRC가 중국의 자발적인 온실가스 감축 목표를 달성하기 위한 방법으로 배출권거래제를 들고 나왔다. 중국은 코펜하겐 당사국총회의 결정에 따라 2020년까지 2005년 대비 '온실가스 GDP 원단위'를 40~45%까지 개선하겠다고 국가목표를 설정한 바 있다. 그리고 현재 EU 배출권거래제의 가장 큰 문제는 배출량에 대한 예상치와 실적치 간의 큰 격차에 있다고 보고, 중국이 국가목표를 원단위로 설정한 것과 마찬가지로 개별기업의 온실가스 배출한도를 배출 원단위로 설정하는 방법을 택했다. 옳고 그르고를 떠나 최소한 일관성은 있다 할 수 있다. 국가의 목표도 원단위, 기업의 목표도 원단위. 중국에서도 가장 먼저 배출권거래제를 시범적으로 실시한 광동성에 위치한 선전시[33]의 경우 다소 복잡한 방법으로 할당방법을 설계했다. 발전소의 경우에는 kWh당 온실가스 발생량을 정했고 제철소 같은 경우에는 제품 톤당 온실가스 발생량(이를 달리 물량 원단위라고도 한다), 또 다른 경우에는 부가가치 단위당 온실가스 발생량(부가가치 원단위)을 정했다. 따라서 기업별 할당량은 동적으로 변하게 되고, EU의 경우와는 달리 온실가스 배출량 예측의 실패에 따른 배출권가격의 급격한 변화를 방지하고 안정적으로 시장을 작동시킬 수 있는 장점이 있다는 것이다. 시장의 예측 가능성과 신뢰성을 다소 희생해서라도 안정성을 확보하자는 이야기다. 얼핏 그럴듯하게 들린다.

원단위, 관리지표인가?

원단위란 투입 대비 성과를 나타내는 지표이다. 아무거나 두 값을 분모와 분자로 해서 나눈 값이면 원단위라 할 수 있기는 하다. 그러나 원단위로서 의미가 있으려면 당연히 두 값이 인과관계가 있어야 한다. 가장 잘 알려진 원단위가 '일인당 GDP'다. 국내총생산GDP을 인구수로 나눈 값이다.

일반기업에서 온실가스 배출량을 원단위로 관리하려면 온실가스 배출량을 제품생산량으로 나눈 값을 관리지표로 삼을 수 있다. 발전회사 같은 경우는 최종제품이 kWh라는 단위로 표시되는 '전기'로 어디서나 균일하다(물론 깊이 들어가면 전기라고 해서 다 같은 전기는 아니지만, 여기서는 대충 같은 것으로 간주한다). 따라서 전기 1kWh 생산하는 데 얼마만큼의 온실가스 배출을 허용할 것인가를 놓고 전력회사의 온실가스 배출목표를 설정하는 것이 가능하다. 이렇게 되면 제품생산량의 변화에 따라 온실가스 배출권 할당량이 사후적으로 결정된다. 그렇다고 배출권 전부가 사후적으로 할당되는 것이 아니라, 사전에 가동률 등을 적당히 예측해서 일정량을 할당하고 사후적으로 정산과정을 거치는 것이 일반적이라 할 수 있다. 사전적 방법이 안고 있는 문제들을 한 방에 해결하는 듯 보인다(참고로 원단위도 가동률의 변화에 따라 변하기도 한다. 일반적으로는 가장 원단위를 좋게 만드는 최적가동률이 있다. 이 최적가동률보다 가동률이 높거나 낮으면 원단위 역시 나빠지는 모양을 보인다). 문제는 모든 회사의 모든 제품에 대해 매년 원단위를 구하는 것은 대단히 어려울 뿐만 아니라, 혹 무리를 해서 구했다 쳐도 신뢰도에 문제가 있을 가능성이 매우 높다는 것이다. 따라서 믿을 만한 데이터를 구할 방법이 먼저 마련되지 않는다면 이런 방법은 탁상행정의 대표사례가 될 가능성이 높다. 도대체 중국에서 이 문제를 어떻게 풀지 지켜볼 일이다.

한 가지 대안이 있다. 중국의 원단위방식과 EU의 벤치마크방식을 절충하는 것이다. 즉, 기업에 할당을 하는데 각 기업의 원단위를 구해서 할당하는 것이 아니라 온실가스 배출이 적은 적당한 '원단위 벤치마크'를 구해서 우선 할당량을 정하고 추후 생산실적에 따라 정산하도록 하는 방법이다. 이런 경우 개별기업의 원단위를 정확하게 구해야 한다는 부담을 덜 수 있다. 벤치마크 대상이 되는 공정, 기업에 대해서만 정확히 하면 된다. 필요한 경우 '벤치마크 대상을 정책의 목적에 맞추어 적당히 상향 조정해나가는 것도 가능하다. 정책을 좀 더 목표 지향적으로 운용할 수 있다. 동시에 온실가스를 적게 배출하는 효율적 기업이 우대받을 수 있게 한다. 물론 EU처럼 상위 10% 평균과 같은 개념을 사용하면 조금 더 어려워진다. 평균을 구한다는 이야기는 데이터가 많아야 한다는 뜻이니 그만큼 많은 노력과 시간을 필요로 한다. 하긴 EU도 했는데 우리라고 못할 이유는 없다. 돈 좀 쓰면 된다. 그런데 경우에 따라서는 돈을 아무리 들여도 데이터의 정확성이 높아지지 않을 수도 있다. 모든 기업에서 모든 데이터가 투명하게 잘 관리되고 있으리란 보장은 없으니 말이다. 그러니 어지간히 선진화되었다고 자신하지 못한다면 평균은 잊는 것이 좋을 수도 있다.

할당은 근본적으로 공평하기 어렵다

할당에 또 하나 골치 아픈 점은 얼마나 공정하게 그리고 얼마나 공평하게 할당하느냐 하는 것이다. 적극적으로 정보를 왜곡시키든 아니면 정보의 부족으로 잘못 판단하든 할당은 공평하게 되지 않을 가능성이 늘 있다.

특정기업만 느슨하게 할당하면 그 기업에 눈먼 돈이 굴러 들어갈 것이고, 그 반대의 경우라면 아마도 해당 기업의 담당 임원이 사표를 쓰는 사태가 발생할 것이다. 그러니 당연히 기업 입장에서는 배출권을 넉넉히 할당 받기 위해 열심히 노력하지 않을 수 없다. 그 출발선이 '과거실적 부풀리기'이다. 좀 더 기술적으로 표현하면 '기준년도 온실가스 배출량 늘리기'다. 배출권거래제를 시행하기 위해 할당을 할 때는 기본적으로 과거실적을 참고하게 된다. 따라서 이 기준이 되는 과거실적을 가능한 한 올려놓으면 할당에 상당히 유리하게 작용한다. 만약 기준년도가 이미 지나간 해라면 가능한 한 실적통계를 높게 잡으려 노력한다. 마침 아직 시간이 남아 있다면, 일부러 온실가스를 더 뿜어내지는 않겠지만, 온실가스를 줄이기 위한 투자는 전부 할당이 끝나고 난 이후로 미루게 된다. 다음으로 '생산계획 과장하기'이다. 가능한 한 배출권거래제 시행기간의 영업계획, 생산계획 등을 공격적으로 수립해서 온실가스가 추가적으로 많이 나올 수밖에 없음을 강변한다. 그러니 할당량을 높이지 않으면 안 된다고 설득한다.

필요하다면 아주 적극적으로 열심히 설득을 한다. 즉, 로비를 한다. 그리고 앞서 EU의 사례에서와 같이 이런 노력은 생각보다 좋은 성과를 내는 경우가 많다.

설상가상이라고 본격적으로 제도가 시행된 이후 이런 할당의 문제에 덧붙여 유럽의 배출권거래시장은 많은 문제점을 한꺼번에 드러냈다. 거의 생각할 수 있는 모든 악재가 터지면서, 이거 탄소시장이 작동되기는 되는 건가 할 정도로 신뢰성에 심각한 의문을 불러일으켰다.

CER도 재활용할 수 있다

2012년 10월 26일 탄소배출권 현물거래의 90%를 차지하고 있던 프랑스 파리에 소재한 배출권거래소 블루넥스트가 그해 12월 5일 자로 문을 닫는다는 안내 메일을 회원사들에 지급으로 발송했다. 블루넥스트사는 탄소시장이 활발해지자 뉴욕증권거래소의 유럽 내 자회사 NYSE유로넥스트와 프랑스 투자은행인 캐스 데 데포Caisse des Dépôts*가 합작으로 2007년에 설립한 탄소배출권 전문거래소였다. 그러나 2013년부터 시행되는 제3기 유럽 배출권거래제의 배출권 경매기관에서 탈락하자 바로 문을 닫는 결정을 내렸다. 그렇지 않아도 어려운 탄소시장 상황에서 향후 주도권을 잃게 되자 전문가들 답게(?) 모든 사람들이 놀랄 정도로 빠르고 과감한 결정을 내린 것이었다. 블루넥스트사에서 거래된 현물은 연간 3,000만 톤을 넘었다. 이런 블루넥스트사가 전격적으로 문을 닫은 것은 많은 사람들에게 충격적인 소식이었다. 사실 EU위원회에서 발행하는 탄소배출권 경매기관으로 지정되는 것은 단순히 경매과정에서 발생되는 수수료를 챙길 수 있다는 것 이상의 의미가 있었다. 정부의 배출권 경매가격은 모든 배출권거래의 기준가격이 된다. 따라서 경매 전담회사가 된다는 것은 바로 배출권거래의 중심기관이 된다는 것을 의미했다. 그런데 왜 설립 이후 현물거래의 중심지로 급부상한 블루넥스트사가 경매기관 선정에서 탈락하고 말았을까?

유럽의 배출권거래제는 매년 초 배출권을 정산한다. 이 정산과정에서 배출권거래제 참가자는 지난 연도 온실가스 배출량만큼의 배출권을 정부에 제출하게 된다. 이때 정부로부터 할당받은 배출권EUA을 주로 제출하나 일정 부분은 CDM 사업에서 발생한 배출권, 즉 CER을 사용하기도 한다. 기업

■ 프랑스 국영은행 중 하나.

그림 2.8 헝가리 CER 재사용 경로

으로부터 배출권을 받아 정산한 정부는 이를 폐기시킨다. 그런데 유럽 배출권거래제에 참여하고 있는 국가 중, 그들이 교토의정서상에서 부여받은 국가감축목표를 이미 달성한 국가들이 있다. 따라서 이런 국가들에 거래기업들이 제출한 CER의 경우는 이를 다시 유럽의 배출권거래제 시스템에 사용하지 않는다는 조건으로 다른 사람들에게 판매하는 것이 허용된다.

헝가리가 그런 국가 중 하나였다. 2010년 3월 헝가리 정부는 새로 설립된 헝가리의 발전회사에 200만 톤의 CER을 재판매했다. 가격이 얼마였는지는 알려지지 않았다. 물론 유럽 내 재사용을 금한다는 전제가 붙어 있었다. 그런데 나중에 밝혀지기를 이 배출권은 영국의 거래기업을 거쳐 홍콩의 한 회사로 넘어갔고, 그 회사는 이를 블루넥스트의 현물거래소를 통해서 유럽의 몇 개 브로커들에게 팔아치웠다. 물론 사는 사람들은 그것이 불법으로 재사용된 배출권인 줄은 전혀 알지 못했다. 뒤늦게 이런 사실이 밝혀지자 블루넥스트에서는 난리가 났고, 이를 방지하기 위한 시스템을 재점검하기 위해 상당 기간 거래소 문을 열지 못하는 최악의 사태가 발생했다. 이런 해프닝은 탄소배출권거래소로서의 블루넥스트의 신뢰도에 치명상을 입혀 결국은 공식적인 배출권 경매기관의 선정에서 독일의 전력·에너지거래 전문기관인 EEX에 밀리는 결과를 가져왔고, 급기야는 아예 간판을 내리게 되었다. 너무나도 친환경적인 일부 사람들이 배출권도 재사용했다는 이야기다.

사기꾼들의 놀이터

'RO-1-1-2575030697-1-1.' 이게 무엇일까? 유럽에서 거래되고 있는 탄소배출권 1톤을 나타내는 시리얼 넘버의 한 예이다. 만약 여러분이 100톤의 배출권을 구입한다면 100개의 이와 유사한 시리얼 넘버들이 파는 사람의 배출권 계좌에서 여러분의 계좌로 넘어오게 된다. 결재대금은 거래소에서 지정한 은행계좌에서 자동으로 이체된다. 여러분의 은행계좌에 충분한 돈만 있다면 클릭 한 번으로 모든 거래가 순식간에 이뤄진다. 파는 경우는 역방향이다. 물론 거래를 하려면 당연히 유럽 내 어느 국가의 배출권을 관리하는 배출권 등기소에 여러분의 배출권 계좌가 있어야 된다. 계좌를 만드는 일은 매우 쉽다. 그냥 신청만 하면 된다. 꼭 본사가 해당 국가에 있을 필요도 없고, 사무실이 없어도 아무 문제가 없다. 계좌 관리에 필요한 최소한의 비용만 내면 된다. 당연히 한 개 기업이 여러 국가에 계좌를 가질 수 있다. 이런 절차가 의미하는 바는 배출권의 거래가 기술적으로 '엄청 쉽고 간편하다'는 것이다. 그냥 거래소에서 마련한 화면에 클릭만 하면 된다. 배출권을 넘겨주기 위해 컨테이너 운송이 필요한 것도 아니고, 이를 보관하기 위한 창고가 있어야 되는 것도 아니다. 마우스 클릭 몇 번에 온라인상에서 전자적인 코드 번호만 오갈 뿐이다. 이렇게 배출권거래가 전자적이며, 다국적적이고, 쉽고 간편하며, 실질적인 물류의 이동이라는 부담이 전혀 없다는 점에 특히 관심을 보인 사람들이 있었다.

그림 2.9 배출권거래 절차

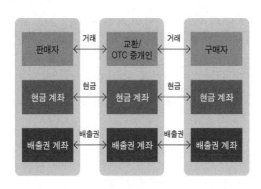

2010년 12월 1일 루마니아의 시멘트회사인 Holcim 사의 배출권 계좌가 해킹 당해 1,500만 유로 상당의 배출권을 도난당했다는 사실이 알려졌다. 앞서 예를 든 시리얼 넘버가 그때 도난당한 배출권 중 하나였다. 이어 이듬해 1월에는 오스트리아, 체코, 에스토니아, 그리스, 폴란드에서도 유사한 해킹사건이 연이어 벌어져 총 300만 톤의 배출권이 도난당했다. 이런 사실이 알려지자 EU 집행위원회는 배출권거래에 참여하는 국가들의 등기소를 동결시켰고, 이 문제가 해결될 때까지 2주 이상 배출권 현물거래는 사실상 중단되었다. 비록 전체 시장규모에 비해 도난당한 양은 크지 않지만 새롭게 만들어진 배출권거래시장의 취약성은 도마 위에 올랐고, 전체 시스템의 신뢰도에 심각한 타격을 주게 되었다.

문제는 여기서 그치지 않았다. 다른 나라 기업과의 거래에는 부가세가 면제되고 국내기업 간의 거래에는 부가세가 부과된다는 점을 악용하여 정부에 납부할 부가세를 가로채는 '부가세VAT 사기'라는 것이 있다. 방법은 의외로 간단하다. 즉, 외국기업에서 부가세를 면제받고 특정상품을 사서 국내기업에 부가세를 포함해서 바로 되판다. 당연히 이때 상대 국내기업으로부터

받은 부가세는 나중에 정부당국에 정산해서 납부해야 된다. 그러나 이런 거래를 반복하다 적당히 부가세가 쌓이고 때가 되면 그냥 부가세를 떼어먹고 잠적해버린다. 이런 사기 과정에서 주로 이용되는 상품이 운반에 부담이 적고 바로바로 팔수 있는 스마트폰과 같은 소형 전자기기였다. 그런데 여기 그냥 클릭만 하면 모든 것이 해결되는 그야말로 기가 막힌 상품이 등장한 것이다. 이런 배출권거래를 이용한 VAT 사기금액은 최고조에 달했던 2010년 한 해만 해도 50억 유로에 달했고, 어디라고 콕 집어 말하지는 않았지만 특정국가 배출권 현물거래의 90%가 이런 거래에 의한 것이라고 유로폴이 발표하기도 했다. 사기꾼들의 입장에서는 그야말로 물 좋은 놀이터가 생긴 것이다. 그러다 보니 돈세탁, 다단계판매 등등 기존에 있던 모든 종류의 금융사고는 다 터져 나왔다. 이런 각종 사고는 비록 이후 EU 집행위원회가 이에 대한 방지책들을 열심히 마련해가기는 했지만 배출권거래제의 유효성과 효율성에 의문을 가지고 있던 많은 사람들에게 좋은 먹잇감을 제공했다.

탄소 사기꾼들

이런 모든 내용을 종합해서 2013년 9월 9일 덴마크 TV방송국에서 충격적인 60분짜리 다큐멘터리를 방영했다. 프로그램의 제목부터 상당히 자극적인 〈탄소 사기꾼들Carbon Crooks〉[34]이었다. 유럽의 탄소배출권거래에서 발생되는 앞서 언급한 모든 문제들을 생생한 화면과 함께 신랄하게 꼬집으면서 150억 유로 이상의 세금이 이들 사기꾼에 의해 날아갔다고 전했다.

이 프로그램 말미에는 케빈 앤더슨Kevin Anderson 맨체스터대학 교수의 인터뷰를 내보냈다.

케빈 앤더슨: 수백억 톤의 탄소가 거래되고 있는데 그것은 기후변화와 아무런 직접적인 연관이 없습니다. 내 생각으로는 간접적으로 오히려 일을 더 나쁘게 만든다고 봅니다. 그러므로 이렇게 이야기할 수 있습니다. 탄소거래는 아무것도 안 하고 가만히 있는 것보다 더 나쁘다.

그리고 프로그램은 20년 동안 EU 집행위원회의 환경분야와 정책분야에 근무한 기후변화 문제 전문가인 요르겐 헤닝센Jörgen Henningsen의 이야기로 마무리 지었다.

요르겐 헤닝센: 기여하는 바가 없는 정책을 계속하는 것은 매우 위험합니다 …….
리포터: 탄소거래가 글로벌 기후에 도움이 안 될까요?
요르겐 헤닝센: 전혀.

이 프로그램은 방영과 동시에 많은 사람들의 관심을 모았다. 그러나 냉정하게 따지면 다소 부족한 면도 없지 않다. 배출권거래제의 근본적인 문제인 '합리적 할당'에 대한 접근이 거의 없이 탄소시장의 일부 사기꾼들에 대한 자극적인 이야기를 너무 전면에 부각시켰다는 점이다. 이는, 다소 궁색하기는 했지만 EU 집행위원회의 환경장관인 코니 헤데가드Connie Hedegaard가 "중요한 점은 이제는 (사기범죄가) 멈췄다는 것이다. 사이버공간에서 범죄는 늘 문제이다. 그러나 이런 것은 모든 종류의 경제거래시스템에서 발생한다. …… 사이버공간에서 거래할 때는 사기가 가능하다. 마치 사이버공간이 아닌 경우, 일반 범죄가 가능한 것처럼"이라고 대응하며 논점을 피해 간 경우와 같이, 도망갈 구멍을 만들어주었다고 할 수 있다.

파리 날리는 선전의 거래소

중국 선전에서 2013년 6월 배출권거래제를 시행한 후 100일간 185회에 걸쳐 11만 3,000톤의 배출권이 거래되었다. 배출권 톤당 평균 거래가격은 64위안(1만 1,000원), 최고 가격은 144위안(2만 5,000원)이었다. 선전의 배출권거래제에 635개 기업과 197개 정부건물이 참여하여 연간 1억 톤 정도의 배출권을 할당받는다는 점을 감안하면, 파리가 날려도 심하게 날리고 있는 형국이다. 게다가 이런 거래 중 약 40%는 브로커 간의 거래였다고 하니, 가히 그 한가한 정도를 짐작할 수 있다. 한 중국기업의 조사에 따르면 선전의 배출권거래제에 참여하고 있는 기업의 80%는 '일단 지켜보기wait-and-see' 자세를 견지하고 있다고 한다.

중국이 택한 사전에 일정량을 할당해주고 사후 정산을 거치는 사후적 할당방법이 탄소시장에 특별히 부정적 영향을 미칠 것 같지는 않다. 사전적 방법이든 사후적 방법이든 사거나 팔 의사결정을 하기 위해서는 연말에 배출권이 남을 것 같은지 모자랄 것 같은지 잘 판단해야 하는 것은 똑같기 때문이다. 어느 경우든, 혹 남는 것으로 판단이 되더라도 통상 그것이 확실해질 때까지는 파는 의사결정을 유보하게 될 터이고, 혹 모자라 보여도 모자랄 것이 아주 확실하고 그 물량이 꽤 많아서 배출권 정산기간true-up period 동안에 이를 사서 메우는 것이 위험하다고 판단되지 않는 이상, 역시 사겠다는 의사결정을 가능한 한 뒤로 미루게 될 것이다. 그러니 평상시 배출권을 사거나 팔겠다고 나서는 기업이 있을 이유가 별로 없다. 오히려 거래가 활발하면 무언가 이상하다고 봐야 한다. 예를 들면, 곧 망할 회사가 망하기 전에 얼른 돈 되는 것은 다 처분한다든가 하는 경우처럼. 그럼 유럽에서는 어째서 거래가 활발하게 일어났을까? 그 원동력은 전기를 생산하는 발전회사들의 행태를 통해 설명할 수 있다.

유럽에는 있으나 중국에는 없는 것

유럽, 특히 서유럽의 전력시장은 나라별로 완전히 자유화되어 있으며, 국가 간의 거래 역시 자유롭다. 궁극적으로는 EU 전체를 하나의 단일한 전력시장으로 만들기 위한 노력이 지속되고 있다. 조만간, 마음만 먹는다면 에스파냐 이베리아 반도 서쪽 끝의 건물주가 노르웨이의 수력발전소에서 생산되는 전기를 사서 쓸 수 있는 세상이 올 것이다(정확하게는 노르웨이의 판매사업자와 전기 공급 계약을 맺는 거지만). 여하튼 중요한 것은 이렇게 거의 완전하게 전력시장이 자유화되고 있기 때문에, 유럽의 발전사업자들이 그때그때 전력 현물시장에서 거래되는 가격동향을 보고 그들이 보유하고 있는 발전소의 가동 여부를 판단하고 있다는 점이다. 통상적으로 전력 트레이더들이 의사결정을 위해 참고하는 데이터로는 기본적으로 실시간 전력수급 상황과 거래가격이 필요하다. 그리고 각 에너지원별로 발전가능 설비용량에 대한 전망도 있어야 한다. 여기에는 수력도 있으니 기상자료, 특히 수력발전소가 위치한 지역의 강수량과 관련된 자료가 필요하다.

참고로 유럽의 수력발전은 지역에 따라서는 비중이 꽤 높아, 노르웨이 같은 경우는 전력 생산의 98%이상에 달한다. 최근에는 신재생에너지 발전이 급격히 증가한 관계로 바람은 얼마나 부는지 구름이 끼었는지 안 끼었는지 등 기상데이터의 중요성이 훨씬 높아졌다. 이 신재생에너지 발전은 워낙 변동이 심하기 때문에, 급할 때 이를 손쉽게 대체할 수 있는 피크 대비용 발전소의 상태를 늘 파악해두는 일 역시 빼놓으면 안 된다. 그리고 화력발전소 가동에 필요한 실시간 석탄, 가스 등 각종 연료가격 자료 역시 꼭 필요하다. 물론 결재하는 통화(通貨)도 다양할 터이니 환율정보는 기본이다. 이쯤 되면 트레이더의 책상은 모니터로 가득 차게 된다. 여기에 지금은 모니터가 하나 더 늘어 실시간 탄소배출권 가격정보가 더해졌다.

그림 2.10 연도별 스프레드 현황(독일 기준)

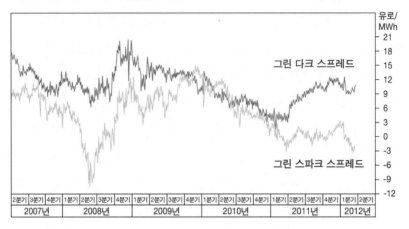

자료: Timera Energy. http://www.timera-energy.com/commodity-prices/a-tough-spread-environment/

　이 여러 데이터 중, 트레이더들이 가장 기본적으로 취급하는 정보가 전력 거래가격에서 해당 발전소에서 사용하는 원료가격과 전기생산 시 발생하는 온실가스 양에 상당하는 배출권가격을 뺀 숫자이다. 이를 흔히 석탄발전의 경우에는 그린 다크 스프레드green dark spread, 가스발전의 경우에는 그린 스파크 스프레드green spark spread라고 부른다. 이 각각의 스프레드가 발전소의 연료비를 제외한 작동 비용을 충족하고도 남으면, 그 발전소는 지금 가동을 하면 최소한 본전은 된다는 이야기가 된다.

　여기에 단기적 변동 요소를 감안하여 발전소에 온오프 신호를 보내게 된다. 또 가스발전소와 석탄발전소를 다 가지고 있다면, 두 스프레드 가격을 비교해서 스프레드가 큰 쪽의 발전소를 우선 가동한다. 보통 석탄발전소는 가스발전소에 비해 연료비는 덜 들고 탄소배출은 많다. 따라서 아주 일차원 적으로 얘기해서, 만일 그린 스파크 스프레드가 더 커서 가스발전을 먼저 한 다면 석탄발전에 비해 온실가스 배출량은 줄게 되고, 배출권에 대한 수요 역시 줄어들게 된다. 따라서 배출권가격은 내려가고, 이는 그린 스파크 스프레드와 그린 다크 스프레드의 격차를 좁히게 되어 언젠가는 역전되는 순간이 온다. 이렇게 되면 다시 석탄발전소가 더 경쟁력을 가지게 되어서 석탄발전소 가동률이 높아지고 덩달아 배출권 수요가 늘게 된다. 따라서 배출권가격은 다시 올라가는 식의 흐름이 반복되면서 균형점을 찾아가게 된다.

전력시장의 자유화가 진전되면 될수록 이런 트레이더들의 역할과 위치가 점점 중요해진다. 어쨌든 중요한 사실은 이 과정에서 아주 자연스럽게 전력판매가에 탄소배출권 가격이 실시간으로 반영되고 있다는 점이다. 이렇게 반영된 배출권을 "급하지 않으니 나중에 천천히 확보하지"라고 할 어리석은 전력 트레이더들은 한 명도 없다. 그들은 탄소배출권 트레이더가 아닌 전력 트레이더이기 때문에, 쓸데없이 나중에 배출권가격이 오를지도 모를 위험을 감수할 이유가 전혀 없기 때문이다. 결국 그들은 전력거래가 이뤄지면 그 자리에서 돌아서서 바로 현물시장에서 배출권을 사든가, 아니면 선물을 확보하든가, 그도 아니면 옵션거래라도 하게 된다(통상 전력거래가 선물거래로 이루어지는 경우가 많으므로 배출권도 선물거래가 주를 이룬다). 이렇게 유럽에서는 전력거래 과정에서 실시간 배출권거래의 동인이 나오게 되어 있다. 따라서 전력시장이 얼마나 자유화되어 있는가 하는 부분이 배출권시장에서 거래가 얼마나 활발할 것인가를 좌우하는 가장 기본적인 요인이라 할 수 있다. 중국 광둥성 선전에는 물론 거래가 자유로운 전력시장이 없다.

전기소비자 바가지 씌우기

전력 트레이더들이 배출권을 실시간으로 구매하려다 퍼뜩 생각난 것이 있다. 이미 정부당국으로부터 공짜로 받은 꽤 많은 배출권이 있다는 사실이다. 그러니 굳이 전기 생산원가에 배출권 구입비용을 반드시 지금 반영할 필요는 없었다. 그런데 지금 전력거래 상황과 발전소 가동계획을 살펴보니 연말쯤 가면 배출권이 혹 남아돌 가능성도 완전히 배제하기는 어려웠다. '게다가 지금 배출권가격은 상당히 강세를 보이고 있으니 우선 시장에서 먼저 사서 쓴 것으로 해서 돈을 확보해놓고 나중에 돌아가는 상황을 좀 보지 뭐. 가만 보니 나만 그런 생각을 하는 게 아니고 모두 같은 생각인 거 같으니 특히 우리 회사 전기가격이 더 비싸질 것도 없지 않은가.' 아마도 이런 생각으로 배출권가격을 전기 생산원가에 반영했던 것 같다. 문제는 늘 일관되게 그렇게 반영했다는 데에 있다. 즉, 전력 트레이더들은 매우 상습적으로 소비자에게 바가지를 씌웠다.

2009년 EU 집행위원회는 회원국의 발전사들이 무상으로 할당받은 배출권의 무려 38~83% 정도를 소비자들에게 비용으로 전가했다고 평가했다. 이런 방법으로 유럽 발전회사들은 전체 전력시장규모의 1.6%를 넘어서는 114억 유로 정도의 부당이익을 올렸다고 추정했다. 부당하게 이익을 챙겼으니 당연히 이를 환수해야 한다는 지적이 나온다. 그러나 앞서 설명한 전력 트레이더들의 의사결정 과정을 보면, 그런 식으로 전력거래가 일어나고 가격이 결정된다는 것이지 실제 전기를 최종적으로 사서 쓰는 소비자에게 일일이 생산원가를 제시하고 설명해준 것은 아니다. 트레이더들 입장에서는 그냥 최종적으로 일정 가격에 성공적으로 거래를 했을 뿐이다. 그러므로 공짜로 받은 배출권을 마치 돈 주고 산 것처럼 해서 바가지를 씌웠다고 추궁할 방법도 없다. 게다가 EU의 배출권거래 규칙에 의하면 할당받은 배출권은 이월도 가능하니, 이를 꼭 할당받은 순서대로 먼저 쓸 필요도 없다. 안타깝지만 딱히 어찌해볼 방법이 없었다.

이는 앞서 이야기한 에너지다소비 업체들의 공격적인 로비 결과로 나온

그림 2.11 **유럽 국가별 발전사 불로소득**

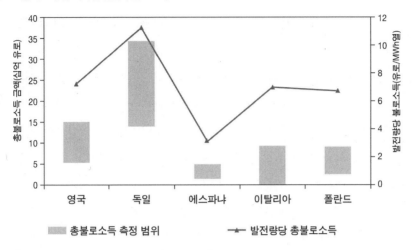

총불로소득 측정 범위   **발전량당 총불로소득**

자료: Point Carbon Advisory Services. 2008.3. "EU ETS Phase II – The potential and scale of windfall profits in the power sector" WWF. http://www.wwf.eu/what_we_do/climate/climate_energy_publications.cfm?136901/EU-ETS-phase-II-the-potential-and-scale-of-windfall-profits-in-the-power-sector

과다할당과는 이야기의 맥이 상당히 다르다. 로비에 따른 과다할당은 실제 온실가스 배출과 관련된 정확한 연도별 실적통계가 쌓이면 사라지게 된다. 그러나 발전부분에서 불거진 무상할당 배출권의 비용전가는 구조적인 문제였다. 생산원가를 바로 판매 가격에 반영시킬 수 있는 제품의 경우에는 언제든지 발생할 수 있는 문제였다. 지금은 다소 지지부진하고 있지만 배출권 거래제 대상에 항공부문을 추가하고 일정량을 무상할당 한다면, 위와 유사하게 비행기 요금에 배출권가격을 무조건 반영시키는 사례가 발생할 가능성은 충분하다.

진정한 윈윈윈게임, EU ETS!

1만 1,000개의 공장을 대상으로 굴뚝에서 나오는 이산화탄소의 총량을 20억 톤으로 규제한다. 이를 철강, 시멘트 등 온실가스 다소비 공장에 7억 톤 정도 공짜로 할당하고, 발전사에는 12억 톤을 나눠 준다. 그리고 나머지는 적당한 때 경매를 통해서 필요한 사람에게 판매한다. 에너지다소비 업체들은 워낙 사전에 로비를 열심히 잘해서 상당히 넉넉하게 할당받았다. 딱히 따로 경매에 참여할 이유도 없다. 발전사들은 어차피 소비자들에게 비용을 바로 전가시키는 것이 가능하니 상대적으로 일반 공장들에 비해 여유롭다. 따라서 이쪽은 할당이 좀 빡빡하다. 아마 EU의 담당자들이 큰 반발이 없을 것을 알고 이쪽은 좀 빡빡하게 하고 일반 산업체는 시끄러우니 좀 느슨하게 한 모양이다.

1년이 지났다. 역시 예상한 대로다. 에너지다소비 업체들은 배출권이 남아돌고, 발전사는 모자란다. 1억 톤 좀 넘는 배출권이 에너지다소비 업체에서 발전사로 넘어간다. 돈은 발전사에서 에너지다소비 업체로 흘러간다. 대충 3년간 45억 유로 수준이다. 발전사는 이를 전기소비자에게 떠넘긴다. 기왕 넘기는 김에 조금 더 떠넘긴다. 이런, 너무 많이 했나? 뭐 어차피 순진한 소비자들이 이를 알 리가 없다. 하긴 알아도 어떻게 해볼 방법도 없다. 이 와중에 돈이 된다니까 동네 사기꾼이란 사기꾼은 전부 꼬인다. 이런, 그러고 보니 배출권거래제에 참여하는 에너지다소비 업체도, 발전사도, 심지어 사기꾼도 모두 돈을 벌었네. 이것이야 말로 진정한 '윈윈윈게임' 아닌가!

아, 아깝다! 조금 더 챙길 수 있었는데, 갑자기 경기가 엉망이 되면서 배출권가격이 폭락했다. 할 수 없지. 어차피 공돈이었으니. 돈은 못 벌어도 배출권은 남아돌고 가격은 바닥이니, 배출권거래를 하거나 말거나 아무 부담도 없으니…… 한바탕 잘 놀았다!

그림 2.12 **배출권 비용 전가**

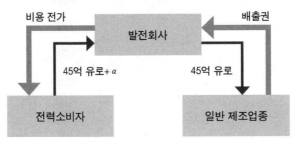

〈EU ETS 비용구조〉

비용 전가   발전회사   배출권

45억 유로+α 45억 유로

전력소비자   일반 제조업종

이쯤 되면 이건 거의 총체적 난국이었다. 사방에서 물이 새는 형국을 넘어 난파선 분위기다. EU 집행위원회는 어떻게 해서든 이를 막을 수 있는 방법을 마련해야만 했다.

배출권거래제가 꿈꾸는 세상

배출권 유상할당 시대의 도래

골이 깊으면 산이 높다고 했나, 문제가 심각하니 EU 집행위원회에서 초강력 대책이 나왔다.

배출권거래제가 안고 있는 문제의 상당 부분은 잘 알지도 못하는 EU의 공무원이 공장에서 필요로 하는 배출권을 수년 앞을 내다보고 사전적으로 할당한다는 점과, 그것도 거의 대부분 무상으로 할당한다는 데에서 기인한다. 그러니 경기변화에 속수무책이고, 여기저기서 횡재하는 사람들이 속출할 수밖에 없다. 따라서 이를 근본적으로 해결하는 묘수가 필요했다. 방법은 의외로 간단하다. 배출권을 100% 경매방식을 통해서 할당하면 이런 문제가 깨끗이 해결될 수 있다. 더 이상 공짜는 없다. 따라서 횡재수도 없다. 할당량 역시 잘 모르는 공무원이 결정할 필요가 없다. 개별 업체에서 알아서 필요한 양을 정해서 이를 경매를 통하거나 시장을 활용해서 확보하면 된다. 경기변화에 따른 가동률 변동 같은 것도 더 이상 신경 쓸 일이 없다. 업체에서 알아서 그때그때 필요한 양을 조정하면 된다. EU 집행위원회 입장에서는 경매에 부칠 배출권 총량만 결정하면 된다.

EU 집행위원회는 홈페이지에 2013년부터 시행되는 제3기 배출권거래제는 제1기, 제2기와는 현저한 차이가 있다고 밝히고 있다. 누가 뭐래도 가장 큰 변화는 이제 경매auction가 기본이 되었다는 것이다. 발전부문은 2013년부터 모든 배출권이 경매를 통해서 유상으로 할당되며, 다른 산업도 2013년 20%에서 점차 양을 늘려 2020년에는 70%까지로 경매비율을 높이고 2027년에는 100% 경매를 통해 유상으로 할당하기로 했다. 드디어 본격적인 배출권 유상할당 시대가 시작된 것이다.

물론 예외는 있다. 산업계에서 전가의 보도처럼 휘두르는 탄소누출이 우려되는 업종은 그전처럼 무상으로 배출권을 주기로 했다. 탄소누출 우려 업종의 선정기준은 배출권거래로 추가 비용부담이 많이 발생하거나 무역의존도가 높은 것으로 정했는데 그 세부내용은 다소 복잡하다. 2009년 EU 집행위원회가 이를 평가해서 업종리스트를 발표했다. 철강, 시멘트 등 거의 대부분의 에너지다소비 업종은 모두 여기에 포함되어 전 업종의 60%에 달했다. 이들 업종이 산업계 온실가스 배출량에서 차지하는 비중은 95%에 이른다. 그렇다, 95%가 예외였다(정말 EU 집행위원회는 일을 거칠게 한다). 이 리스트는 2014년에 개정될 예정이다.

CDM 노다지는 이제 그만, 오프셋 사용제한

4억 5,000만 톤 이상의 CER이 2008년 이후 4년간 EU 배출권거래를 통해 사용되었다. 그중 90%는 중국, 인도, 한국에서 만들어진 것이었다. 보수적으로 잡아도 20억 유로 이상의 돈이 중국을 비롯한 세 나라로 흘러 들어간 것으로 볼 수 있다. 최빈국(Least Developed Country: LDC)에서 만들어진 CER은

그림 2.13 CER 가격 동향

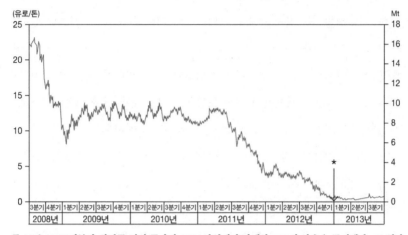

주: EU는 2013년부터 최빈국 이외 국가의 CDM 사업에서 발생한 CER의 사용을 금지했다. 그 결과
CER 거래량은 급속도로 줄어들었고 사실상 CDM의 사업성이 유지되기 어려워졌다.
자료: http://carbonfinanceforcookstoves.org/carbon-finance/prices-for-improved-cookstove-projects/

1만 4,000톤에 지나지 않았다. "아니, 도대체 중국 도와주려고 배출권거래제
하나?" 하는 소리가 충분히 나올 만했다. 이에 2009년 EU 집행위원회는 충
격적인 조치를 취했다. 최빈국 이외의 다른 개도국에서 2013년 이후 추진한
CDM 사업에서 발생되는 CER은 EU 배출권거래제에서 사용하는 것을 금지
한 것이다.

　사실 이런 EU 집행위원회의 결정은 요란스러운 것에 비해서 실효성은 별
로 없었다. 이미 손쉽게 추진할 수 있는 CDM 사업은 거의 시행된 상태였고,
그런 사업에서 2020년까지 발생될 것으로 보이는 CER 양이 무려 80억 톤을
넘어서는 것으로 평가되기 때문이었다. 따라서 사실상 탄소시장에 대한 실
질적인 영향도 거의 없는 결정이라 할 수 있었다. 오히려 돈은 돈대로 챙겨
가면서 기후변화협약장에서는 사사건건 시비를 붙는 중국과 인도 등 신흥
개도국에 대한 일종의 히스테리 같은 느낌으로 이 결정을 받아들이는 사람

이 있을 정도였다. 그나마 의미 있는 것은 아디핀산 생산 시 발생하는 아산화질소(N_2O)를 처리해서 발생되는 CER과 수소불화탄소(HFC_{23})와 같이 특히 문제가 있다고 이야기되던 CDM 사업에서 나오는 CER의 사용을 2013년 이후 조건 없이 사용을 금한 것이었다.

여하튼 이런 EU 집행위원회의 결정 때문에, 그동안 그렇지 않아도 문제가 많다고 여기저기서 지적을 받아오던 교토의정서에서 정한 교토메커니즘의 가장 중요한 가운데 토막인 청정개발체제는 사실상 그 수명을 다했다. 더 이상 CDM으로 돈을 버는 사람도 없고, 거기에 투자하겠다는 사람도 없다. 한때 21세기의 '봉이 김선달'로 불리던 CDM 사업가들을 이제는 더 이상 찾아볼 수 없다.

백로딩!

배출권가격이 폭락해서 탄소시장이 엉망이 되어도 사실상 EU 집행위원회가 할 수 있는 일이 아무것도 없다는 사실을 극명하게 보여주고 있는 것이 백로딩Back-Loading정책이다. 2013년부터 2020년까지 8년 동안 실시되는 제3기 EU 배출권거래제 기간 중에 매년 13억 톤씩 총 100억 톤의 배출권이 경매를 통하여 공급될 예정이다. 그런데 지금 탄소시장이 배출권 공급과잉 때문에 너무 어려운 상황이므로 초기 3년간 경매될 배출권 물량 중 매년 3억 톤씩 총 9억 톤의 경매를 유보하고, 이를 2018년부터 후반부 3년간에 추가해서 물량을 늘려 경매하자는 제안이 백로딩이다. 그러면 당장 급한 불은 끌 수 있다는 것이 EU 집행위원회의 판단이다. 조삼모사라고나 할까, 아니면 아랫돌 빼서 윗돌 괴기라고나 할까.

할당량은 사전에 다 결정해서 널리 알렸지, 경매계획도 일목요연하게 일정과 양이 정해져 있지, 유사시에 취할 수 있는 비상조치 계획은 가격이 급등할 경우에만 쓸 수 있지, 그러니 시장에서 탄소가격은 폭락에 폭락을 거듭하고 있던 그때, EU 집행위원회가 할 수 있는 일은 백로딩이라는 편법이라도 써서 언 발에 오줌이라도 누는 것 이외에는 없었다. 그것조차도 동구권과 산업체의 반대에 부딪혀서 유럽의회에서 한 번 부결된 후 다시 추진하는 등 우여곡절을 겪었다. 여하튼 어렵게 얼마 전 유럽의회를 통과하여 조만간 실시될 예정이나 근본적으로 남아도는 배출권을 걷어내는 것이 아니므로, 그 효과에 대해 고개를 갸우뚱거리는 사람들이 적지 않다. 아직도 배출권가격은 초약세를 면치 못하고 있다는 사실이 이런 우려를 뒷받침하고 있다.

배출권거래시장 안정화 비축계획

마침내 EU 집행위원회는 최종병기를 꺼내들었다. 배출권이 남아돌 경우 경매예정분의 일부를 따로 비축해두었다가 나중에 배출권이 모자랄 것으로 판단될 때 이를 시장에 풀 수 있도록 하는, '배출권거래시장 안정화 비축계획(Market Stability Reserve: MSR)'을 제안하고 법제화 과정에 들어갔다. 2021년부터 시작되는 제4기 배출권거래 기간부터 매년 탄소시장에서 전전년도에 유통된 배출권 양이 따로 정한 계산방법에 의거해 평가하여 8억 3,000만 톤을 넘어서면, 당해 년도 할당예정량의 12%를 시장안정을 위해 별도로 비축하자는 제안이다(하여튼 EU 집행위원회에서 만드는 규정은 복잡하다). 그리고 유통되는 배출권 양이 4억 톤 이하로 떨어지거나, 29a 조항에 정한 가격폭등 때문에 긴급조치를 취할 조건에 해당하면 비축된 배출권 중 1억 톤을 방출하자는 것이다. 얘기는 복잡하지만 골자는 유통되는 배출권 양에 맞춰 할당량을 사후 조정하겠다는 것이다.

눈길을 끄는 것은, 제안서의 도입부에 그간 배출권의 수급불균형으로 잉여분이 20억 톤에 이르고 2020년에는 26억 톤을 넘어설 전망이라고 기술하고, 특히 "매우 경직된 방법으로 고정되어 있는 배출권의 경매량과, 경기변동과 화석연료의 가격 등 다른 요인에 의해 유연하게 바뀌고 영향을 받는 배출권 수요 간의 불일치가 이런 수급 불균형의 주요인이다"[35]라고 평가하고 있다는 점이다.

앞서 사전에 할당량을 정하고 사후적인 조정을 허용하지 않는 EU의 배출권거래제는 구조적으로 배출권 수급상의 불균형을 가져올 수밖에 없다고 입에 거품을 물고 이야기하고 또 이야기했던 사람들 입장에서는 정말이지 황당한 상황이 아닐 수 없다. 그걸 이제야 알았단 말인가. 배출권거래제를 시행한 지 햇수로 10년이나 지나서. 이어서 그 제안서는, "할당량의 설정으로 (온실가스를 감축하는) 환경적 목표(의 달성)는 보장되었지만, 대규모로 남아도는 배출권 때문에 저탄소 투자에 대한 유인이 줄어들었고, 배출권거래제의 비용효과성에 부정적 영향을 미치고 있다"고 평가하고 있다. 즉 할당량 때문에, 다시 말하면 너무나 넉넉하게 할당하여 펑펑 남아돌고 있음에도, 바로 그 할당 때문에 온실가스 감축목표의 달성이 보장되고 있다고 이야기하고 있다. 할당이 없었어도 급격한 경기침체 때문에 당연히 달성되었을 그런 감축목표를 굳이 할당량에 의해 달성된 듯 이야기함으로써 정당성을 확보한 것처럼 눈 가리고 아웅 하고 있는 것이다. 남의 나라 이야기지만 참으로 답답한 일이다.

어쨌든 제시된 숫자들의 근거가 뭔지 알 수 없어 다소 거칠어 보이긴 하지만, EU 집행위원회가 할당량의 사후조정이라는 마지막 카드를 꺼내들고 있다고 할 수 있다. 이렇게 거칠게라도 구체적인 사항을 규정할 수밖에 없는 것은, 아마도 얼개만 정하고 세부적인 내용을 특정 하부기관에 위임하는 방식이 유럽의 법리상으로는 불가능하기 때문인 것으로 이해된다(근본적으로 EU 집행위원회는 배출권을 재산권의 성격이 강한 것으로 본다. 따라서 배출권의 가격변동에 영향을 줄 수 있는 사항은 세세한 것까지 모두 유럽의회에서 엄격하게 결정한다. 이에 비해 한국의 절차는 상대적으로 상당히 느슨하다). 이런 제안이 EU 집행위원회의 의도대로 법제화될지는 더 두고 봐야 하겠지만, 이 카드조차 효과가 없다면 마지막으로 정말 최후의 카드가 하나 더 있다.

배출권거래제를 위한 배출권거래제

배출권가격이 춤을 추는 것을 막기 위한 최후의 방법이 하나 있다. 배출권의 최저가격floor과 최고가격ceiling을 정하는 방법이다. 시장을 보호한다는 명분으로 가장 반시장적인 방법을 쓰는 최악의 방법이라 할 수 있다. 법으로 정하면 무엇이든 할 수 있다는 법 만능주의적인 발상이라고 할 수도 있고. 놀랍게도 실제로 이런 일이 벌어지고 있는 곳이 있다.

호주의 배출권거래제는 조금 독특하게 시작하여 진화하고 있다. 그래서 탄소가격 메커니즘(Carbon Price Mechanism: CPM)이라는 다소 생소한 이름으로 불린다. 2012년 7월 처음 도입된 이 제도는 24호주달러(17유로)라는 꽤 높은 '고정가격'으로 배출권을 할당한다. 할당이라기보다는 고정가격으로 정부에서 판매한다. 구입한 배출권은 거래가 가능하다는 점에서 이 CPM을 배출권거래제라고 할 수 있다. 그러나 필요하면 정부에서 바로 구입하면 되므로 사실상 거래가 일어날 이유가 전혀 없고, 가격도 고정되어 있다는 점에서는 탄소세라고 보는 것이 더 어울린다. 아마도 그런 이유로 프로그램의 이름도 배출권거래제가 아닌 탄소가격 메커니즘이라 명명된 것으로 보인다.

그런데 이 정책의 2015년부터 3년간의 계획이 기가 막힌다. 이제 고정가격이 아니고 변동가격제가 도입된다. 바닥은 15호주달러였는데 유럽의 배출권과 연계하는 결정이 나면서 폐지되었다. 그러나 최고가격은 예상되는 EUA 가격에 20호주달러를 더한 것으로 할 예정이다. 그리고 이후 완전 자유화할 계획이다(참고로 현재 호주에 새로운 정부가 들어서면서 이런 계획은 전면 재검토되고 있다. 따라서 여기서 이런 이야기를 하는 것도 사실상 아무 의미가 없게 될 수도 있다).

도대체 어떻게 배출권의 가격을 강제하는 것이 가능한지 갸우뚱거려지지 않을 수 없다. 정말 제대로 배출권거래제가 시행되고 수요공급이 어느 한쪽으로 지나치게 치우친다면, 법으로 또는 경매를 통해서 아무리 최저가격과 최고가격을 정하려 해도 시장은 원하는 대로 작동하지 않는다는 것을 우리는 경험을 통해서 잘 알고 있다. 그 예는 고정환율제가 실시되는 국가의 외환거래에서 볼 수 있다. 바로 암시장이다. 과거 주공아파트의 분양가 상한을 정해놓아, 당첨되면 돌아서서 바로 프리미엄을 받고 되팔던 한국의 아파트 시장이 또 다른 좋은 예이다.

'배출권거래제'라는 막장 드라마를 보는 듯하다. 도대체 무엇 때문에 이렇게까지 해서 배출권거래제를 해야 한단 말인가?

배출권거래제가 꿈꾸는 세상

2035년. EU에서 배출권거래제를 도입한 지 벌써 30년이 경과했다. 그동안 산업체는 격렬하게 반대했지만, 모든 배출권은 100% 경매를 통해서 할당된다. 경매 횟수도 대폭 늘어 일주일에 한 번씩이다. 이것도 일이다 보니 전문적으로 경매를 대행해주는 새로운 기업도 생겨났다. 탄소누출에 관한 에너지다소비 업체들의 주장은 실제보다 훨씬 과장된 것이라는 사실은 벌써 밝혀졌다. 이제 더 이상 이를 이유로 특별 대접을 받는 일은 없다. 배출권 판매로 횡재했다는 이야기는 어리숙했던 먼 옛날의 일일 뿐이다. 배출권 가격은 '배출권거래시장 안정화 비축계획'이 정상적으로 작동되면서부터 상당히 안정되었다. 모든 기업에서 온실가스를 줄이는 일은 원가관리 분야에서 가장 중요한 일 중 하나로 취급된다. 탄소자산의 관리 역시 재무담당 부서의 핵심 업무가 된 지 오래다. 배출권 취득과 처분에 관한 중요한 사안은 이사회 의결까지 거쳐야 한다. EU를 시작으로 미국, 호주, 일본 등 모든 선진국이 배출권거래제를 시행한 지 벌써 꽤 됐다. 중국, 한국은 물론이고 인도, 브라질 등 주요 개도국도 이 제도를 앞다퉈 도입했다. 특히 최근에는 이런 각국의 거래제가 EU를 중심으로 점차 연결되어나가는 모습을 보이고 있다. 이제 전 세계가 하나의 배출권거래제로 묶일 날도 머지않아 보인다.

드디어 배출권거래제를 도입하면서 꿈꾸던 세상이 되었다.

이때가 되면, "배출권거래를 통해서 온실가스를 줄이는 비용이 최적화되고 탄소시장으로부터 나오는 배출권가격 신호에 맞춰 사람들이 온실가스를 줄일 수 있는 최적화된 기술에 투자할 수 있도록 하는, 그리하여 탄소시장을 통하여 녹색기술을 가진 사람들이 돈을 벌고 더 나아가서 탄소시장이 이런 그린 테크놀로지의 개발동기를 부여하는" 이런 일이 벌어질까? 그리하여 대기 중의 온실가스 농도도 안정화되고 기후변화도 잦아들까?

마지막 모습
원론적으로 배출권거래제에서 거래가 일어나게 하는 원동력은, 할당의 오류 때문에 나타나는 할당 불균형 문제를 제외한다면, 거래제에 참여하는 기업마다 온실가스를 줄이는 데 드는 비용의 차이다. 즉, 기업마다 온실가스를 줄이는 테크놀로지 옵션이 다르며 이 때문에 온실가스 감축의 한계비용에서 차이가 나게 된다. 따라서 이론적으로는 한계비용의 차이가 거래비용을 넘어선다면 배출권의 거래가 일어난다. 어디까지나 이론적인 이야기다. 다른 복잡한 변수들을 다 단순화시키고 참여자들의 행태도 아주 합리적이라고 가정한.

이런 상황에서 외부로부터 새로운 온실가스 감축 기술의 유입이 없다면, 즉 테크놀로지상의 '퀀텀리프Quantum Leap'가 없다면, 거래가 지속되면 될수록 참여자들의 온실가스 감축의 한계비용은 서로 비슷해질 수밖에 없다. 따라서 배출권거래제를 시행한 기간이 오래되면 될수록 거래의 동인은 점점 약해진다. 거래량은 점점 줄어들게 된다.

여기에 이제 배출권은 100% 경매에 의해 할당된다. 말이 좋아 할당이지 필요하면 경매를 통해 확보하든가 탄소시장에서 사든가 하란 이야기다. 따라서 보통의 경우는 필요한 배출권을 마치 정유사에서 기름 사듯이 경매를 통해서 확보한다. 필요한 것보다 더 살 특별한 이유가 없다. 따라서 갑자기 회사에 이상이 생기지 않는 한 배출권이 남을 이유도 모자랄 이유도 없다. 즉, 탄소시장에서 배출권을 팔 이유도 살 이유도 없다. 다시 말해 배출권을 거래할 필요성이 없다. 거래량은 더욱더 줄어들게 된다.

마치 모든 정의가 구현되어 아무 일도 벌어지지 않는 유토피아처럼 모든 배출권거래는 멈추고 배출권거래제는 수명을 다한다.

마지막 대화

문(問): 100% 경매면 모든 배출권을 돈 주고 사라는 이야긴데, 그럼 돈만

내면 얼마든지 살 수는 있나요?

답(答): 아닙니다. 지구온난화 방지를 위해 총경매량은 지속적으로 줄여
나갑니다.

문: 그럼 모자라는 양은 어떻게 합니까?

답: 최대한 온실가스 발생을 줄이시든가 그래도 안 되면 탄소시장에서
사서 쓰십시오.

문: 더 이상 줄일 데도 없고, 파는 사람도 아무도 없는데요? 이제 물건을
만들지 말라는 얘긴가요?

답: ……

문: 전쟁이 난 것도 아니고, 이건 배급제네.

"이렇게 배출권거래제는 수명을 다하고, 에너지배급제가 시작되었다."

참고로 화석연료의 사용 때문에 발생하는 온실가스 배출은 탄소포집저장
(Carbon Capture & Storage: CCS) 기술이 실용화되지 않는다면 온실가스의 후 처
리는 현실적으로 불가능하다. 따라서 상업적으로 적용 가능한 전 처리기술
을 모두 적용하고 나면 온실가스 감축은 정체된다. 이런 한계상황에서 온실
가스 배출량을 더욱 규제하면 제품생산량을 줄이는 등 극단적인 방법으로
온실가스를 발생시키는 화석연료의 사용을 억제하는 것 이외에는 방법이
없다. 결국 이때가 되면 온실가스 배출량의 규제는 에너지사용량의 규제와
같은 의미가 되며, 배출권의 할당은 사실상 화석연료 사용권한의 할당과 같
아진다. 즉, 거래가 실종된 상태에서의 배출권거래제는 '에너지배급제'와 같
은 의미가 된다.

배출권거래제는 ……

비상대책이다

　근본적으로 배출권거래제는 한시적인 정책이다. 아주 뚜렷한 정책목표가
있고, 이를 제한된 시간 내에 달성하는 것이 꼭 필요할 때 실시하면 아주 효
과적이다. 계량화된 정책목표를 규제받는 측에 '공동의 그러나 차별화된 책
임의 원칙'에 따라 적절히 할당해주고 이를 지킬 것을 강제하면 된다. 그리
고 그 목표가 달성되면 정책의 수명을 끝내야 한다. 이를 상시정책으로 취
급해서 계속해서 할당량을 줄여나가는 것, 즉 지속적으로 총량규제를 강화
해나가는 것은 옳은 방법이 될 수가 없다. 규제대상이 되는 기업들은 온실
가스를 줄이기 위해서 있는 것이 아니다. 이윤의 추구가 기본이다. 따라서
이윤추구와 온실가스 감축 사이의 균형점을 찾아내는 것이 중요하다. 온실
가스 감축만을 강조해서 지속적으로 규제수준을 강화하는 것은 많은 부작
용을 가져온다. 정책에 대한 피로감이 급격하게 높아진다. 참여하는 기업들
의 온실가스 감축 한계비용도 기하급수적으로 증가한다. 결국 규제받는 기
업의 정책 수용성이 현저히 낮아진다. 다시 강조하지만 궁극적으로 테크놀

로지 선택 옵션이 제한적인 상태에서 지속적이고 지나친 온실가스 총량규제는 에너지배급제와 크게 다르지 않다. 배출권거래제는 델타포스Delta force다. 정해진 목표를 주어진 시간 내에 해결하고 사라진다. 상시정책으로는 탄소세가 훨씬 낫다.

할당의 부작용도 거래된다

배출권거래제에서 '거래'가 의미하는 바를 만만히 봐서는 안 된다. 흔히 총량규제를 도입하면서 이에 따른 기업들의 부담을 완화시키기 위해 거래를 허용한다고 손쉽게들 이야기한다. 가장 저렴하게 온실가스를 줄일 수 있는 곳에서 먼저 온실가스를 줄이게 해서 비용 대비 효과적으로 정책목표를 달성하고 규제받는 기업의 부담을 최소화할 수 있다고 선전한다. 심지어는 잘만 하면 남는 '배출권을 팔아서 돈을 벌 수도 있다'고 얘기하기까지 한다. 처음부터 말만 잘하면 넉넉하게 할당해주겠다고 넌지시 팁을 주는 건가보다. 그러니 괜히 목소리 높여 반대하지 말고 나한테 잘 보이면 된다는 이야긴가? 이 과정에서 많은 경우 총량규제 이슈는 뒤로 감춰지고 배출권거래제가 전면에 나서게 된다. 거래제가 되네, 안 되네, 오프셋Offset*은 무엇으로 하는 것이 좋은지, 배출권의 관리를 위한 등기소는 어떻게 만드는 게 좋은지, 거래소는 어디가 효율적인지 등등. 그러나 자칫 기업에 대한 할당이 합

■ 탄소시장에서 오프셋이란 '할당에 의한 배출권'을 대신할 수 있는 크레디트를 의미한다. 각 배출권거래제에서 사용 가능한 오프셋의 종류와 양은 제도를 어떻게 설계하느냐에 따라 달라진다. 기본적으로는 당해 배출권거래제의 시행강도에 따라 사용하는 오프셋도 영향 받는다. EU 배출권거래제에서는 CDM 사업에서 나오는 CER만을 사용할 수 있다. 반면 배출권거래제를 자발적으로 시행하는 곳에서는 다양한 형식의 오프셋이 허용되기도 한다.

리적이지 못한 상태에서 거래를 허용하면 잘못된 할당의 부작용을 해당 기업의 영역에서 배출권거래제 전체 영역으로 확산시키는 결과를 가져온다. 즉, 할당의 부작용도 거래된다. 쉽게 말해서 특정 기업에 과다하게 할당하거나 과소하게 할당하는 사례가 발생되었을 때, 총량규제만 있고 거래가 없을 경우에는 그 할당 실패의 부작용이 해당 기업 내에 국한되지만 배출권거래제하에서는 그 부작용이 전체 시스템에 영향을 미치게 된다는 이야기다. 이와 관련되는 구체적 사례들을 현재 전 세계에서 시행되고 있는 모든 배출권거래제 어디서나 손쉽게 찾을 수 있다. 그리고 앞서 살펴보았듯 배출권거래제에서 이와 같은 할당의 실패는 구조적인 문제로 늘 발생될 수밖에 없다. 다시 이야기하는데, '거래'를 우습게 보지 마시라. 규제를 받는 측에게 유연성을 주는, 늘 옳은 방법이라고 잘못 알면 안 된다. 더욱이 총량규제의 문제를 감추기 위한 눈속임으로 이를 부각시키는 것, 이건 정말 곤란한 일이다.

신사들의 게임이다

배출권거래제에 참여하는 기업들은 많은 정보를 제공해야 한다. 매년 기업에서 배출한 온실가스 양은 기본이고, 경우에 따라서는 배출권거래제 시행 이전 수년간의 배출량과 향후 전망 등도 제공해야 한다. 또 제도 설계를 어떻게 하는가에 따라 다양한 모습을 보이는 오프셋과 관련하여 추가성 Additionality[*] 입증을 위해 여러 가지 자료를 제출해야 할 상황도 생긴다. 즉,

---

■ 오프셋으로 사용 가능한 크레디트를 평가하는 기준으로, 기존의 사례에 비해 얼마나 더 노력을 했는가를 평가하는 잣대로 사용된다. 이 추가성에는 법적·환경적·기술적·경제적 추가성이 있다. 통상 어떤 추가성 요소를 어느 정도로 엄격하게 적용하는가에 따라 오프셋의 품질이 결정된다.

온실가스의 배출과 감축, 오프셋의 생성과 거래 과정을 유리알처럼 투명하게 보여야 된다. 이런 과정은 기본적으로 신뢰를 바탕으로 한다. 만일 이런 신뢰가 무너진다면 배출권거래제의 운영은 정말 힘들어진다. 제출하는 모든 정보의 진위를 확인하기 위하여 누군가가 일일이, 건건이 이를 살펴보아야만 한다면 제도 운영의 비효율이 너무 커진다. 문제는 누군가 작정을 하고 속이려고 나선다면, 이렇게 눈을 부릅뜨고 살펴본다고 해도 밝혀내기 쉽지 않다는 것이다.

실제 그럴 리는 없겠지만, 이론적인 사례를 살펴보자. 한때 한국에서 세금계산서 없이 물건을 사고파는 무자료 거래라는 것이 횡행한 적이 있다. 지금도 일부에서는 현금으로 결재하면 가격을 더 깎아주기도 한다. 만일 온실가스를 발생시키는 화석연료의 거래에서 이런 일이 발생한다면 심각한 통계상의 왜곡을 가져올 수 있다. 이 때문에 온실가스를 뿜어냈음에도 그렇지 않은 것으로 간주되어 배출권에 여유가 생기게 만든다. 사실상 배출권을 훔치는 것과 같은 이야기가 된다. 또는 화석연료 구매 시 배출권거래제에 참여하지 않는 다른 기업의 이름을 빌려 세금계산서를 끊는 것도 생각해볼 수 있다. 어쩌면 이것이 훨씬 더 쉬울 수 있다. 결과는 앞서의 경우와 같다. 또 배출권이 도난당한다. 이런 사례는 다소 억지스럽게 들릴 수도 있다. 그러나 아직도 잊을 만하면 한 번씩 분식회계 사례가 언론에 터져 나오는 걸 보면 한국에서 이런 일이 아주 없을 것이라고 단언하기는 찜찜한 면이 있다.

게다가 배출권거래제에 참여하는 선수들이 기대하는 것처럼 합리적으로 움직이지 않을 가능성도 매우 높다. 행동경제학의 연구결과에 따르면 손실의 아픔이 이익의 즐거움보다 2.5배나 더 크다고 한다. 이 말이 맞는다면 배출권을 팔아서 돈을 챙기는 즐거움보다 배출권을 사야만 할 때의 씁쓸함이 훨씬 더 클 것이다. 거기다가 비록 돈이 많이 들어도 온실가스를 줄이기 위해 무언가 열심히 뚝딱거리면 일을 하는 것 같아 보이는데, 그냥 옆집에서 사서 줄이는 게 더 싸게 먹히니까 적당히 시세 좋을 때 배출권을 좀 사는 걸로 하면 어딘가 굉장히 게으르고 일을 안 했다는 느낌이 든다. 한국의 정서상 이런 식으로 윗분들한테 결재 올리면 그 자리에서 결재서류판 날아오기 십상이다. 배출권을 사는 걸 그대로 봐줄 공장장님들이 특히 대한민국에는 그리 많을 것 같지 않다.

중요한 것은 배출권거래제가 온실가스 감축뿐만 아니라 다른 어떤 분야의 정책과 비교해도 가장 선진화된 정책이라는 점이다. 따라서 이를 성공적으로 수행하기 위해서는 선진화된 사회와 의식수준이 뒷받침되어야만 한다. 어떤 정책도 실패하지 않는 사회, 수단과 방법을 가리지 않고 정해진 목표는 달성해야 하는 기업. 이들이 시행하는 배출권거래제는 무조건 성공한다. 장부상으로는.

다시 강조한다. 배출권거래제는 가장 선진화된 신사들의 게임이다.

일방적인 것은 지속가능하지 않다

이 모든 이야기에 앞서, 온실가스를 줄이기 위해 우리가 얼마만큼 노력을 할 것인지, 얼마만큼의 불편을 감당하고 얼마만큼의 비용을 들일 자세가 되어 있는 것인지에 대한 논의가 선행되어야 한다. 특히 기후변화 문제는 우리 모두와 관계되고, 형평성과 역사적 책임, 기후부채와 지속가능한 개발 등과 같은 초대형 이슈들을 함께 포함하고 있다. 동시에 호흡이 아주 길다. 이런 이야기는 담론을 먼저 정리해야 한다. 담론의 정리 없이 섣불리 각론으로 넘어가면 자칫 갈등을 부추기게 된다. 누군가에게 많은 부담을 지라고 할 때는 비록 시간이 걸려도 충분히 논의하고 합의를 구해야 한다. 몰아붙이는 자세는 바람직하지 않다. 우리는 지금 호흡이 긴 이야기를 하고 있다.

배출권거래제를 시행하는 것, 좋다. 그러나 무엇보다도 온실가스 감축의 우선순위에 대한 사회적 합의가 선행되어야 한다. 그리고 그 합의 수준에 맞춘 적절한 정책 옵션을 선택해야 한다. 지금 내가 온실가스를 줄이는 것이 꼭 필요하고 그 일이 정말 화급하다면, 다소간의 부작용이 있더라도 강한 수준의 총량규제와 함께 배출권거래를 실시하는 강력한 비상대책이라도 실시할 수 있다. 그러나 꾸준히 우리의 행태를 변화시키고 화석연료 중심의 에너지시스템을 지속가능한 시스템으로 바꿔나가는 것이 목적이라면, 그렇다면 좀 더 호흡이 긴 테크놀로지 중심의 정책 옵션들이 선택되어야만 한다. 지속가능한 시스템을 위해서는 지속가능한 정책이 필요하다.

제3부 녹색 대한민국

녹색, 녹색, 녹색!

녹색성장의 피날레, 녹색기후기금

인천의 신도시 송도에 위치한 컨벤션센터에서 열린 녹색기후기금(GCF) 제2차 이사회에서 바로 그 회의가 열리고 있는 송도에 GCF 사무국을 두기로 최종 결정한 때는 2012년 10월 20일 오후였다. 이명박 대통령이 임기를 마치기 넉 달을 남겨둔 때였다. 대한민국의 모든 언론매체들은 이 기쁜 소식을 속보로 내보냈다. 이명박 대통령은 이 소식을 보고 받자마자 전용헬기를 타고 송도로 날아가 관계자들을 치하했다고 한다. 그리고 페이스북에 "박빙의 경쟁 속에서 정말 조마조마해 의자에 앉아 있기 힘들었다. '우리가 해냈습니다'라는 한마디에 십 년 묵은 체증이 내려가는 듯했다. 가슴이 벅차 배고픈 줄 몰랐는데 이제 늦은 점심을 한술 떠야겠다"고 심정을 소개했다.[36] 주무부서인 기획재정부는 보도자료를 통해 "GCF 사무국 유치로 우리나라는 처음으로 중량감 있는 국제기구를 국내에 두는 역사적 성과를 이뤘다. 이는 이명박 대통령이 추진해온 녹색성장 노력이 국제적으로 높이 평가받고 있음을 보여주는 것"이라고 밝혔다. 송도에는 대형 축하 현수막들이 여

표 3.1 GCF 이사국 현황

구분	지역	이사국(24개국)
개도국 (12)	아시아·태평양(3)	인도, 인도네시아, 중국
	중남미(3)	메시코, 벨리즈, 콜롬비아
	아프리카(3)	남아공, 베냉, 이집트
	군소 도서국(1)	바베이도스
	최빈 개도국(1)	잠비아
	기타(1)	조지아
선진국 (12)	EU(7)	독일, 덴마크, 스웨덴, 스페인, 영국, 프랑스, 폴란드
	비EU(5)	노르웨이, 러시아, 미국, 일본, 호주

표 3.2 GCF 사무국 유치 효과

(단위: 억 원)

사무국 주재원 소비지출	650
지역 근로자 소비지출	125
국제회의 참가자 소비지출	342
외국인 관광객 소비 지출	14
GDP에 미치는 효과	2,543
고용 창출 효과	38
총계	3,812

자료: 2012년 기획재정부 의뢰로 KDI 국제정책대학원에서 추정.

기저기 등장했다. 기금의 규모 8,000억 달러, 상주인원 1,000명, GCF의 위상은 세계은행, 아시아개발은행 등과 동급 수준. 이에 따라 사무국 유치의 경제효과만도 연 3,800억 원에 달하는 것으로 KDI가 분석했다. 극심한 부동산 침체에 허덕이던 송도의 아파트 매물이 싹 사라졌다. 대박도 이런 대박이 없었다.

이명박 대통령이 임기 내내 역점을 두고 추진해온 '저탄소 녹색성장'의 대미를 장식하는 역사적 순간이었다.

녹색성장, 회색성장?

새 정부가 들어서면 당연히 그 시대의 흐름을 대변하고 새 정부의 정체성과 의지를 잘 보여주는 새로운 어젠다를 필요로 한다. 이명박 정부가 들어섰을 때는 하늘 높은 줄 모르고 치솟는 에너지가격이 큰 이슈였다. 2008년 여름의 원유 가격은 배럴당 150달러로 최고점을 찍었다. 기후변화와 관련해서는 교토의정서 연장 논의가 지루하게 계속되고 있었고, 과연 연장이 가능할까 하는 회의론이 점점 커지고 있었다. 그러나 국내 일각에서는 2013년부터는 대한민국도 의무감축국[37]이 된다고 우정 이야기하고 다니는 사람들이 많았다. 당시 대통령 인수위원회의의 기후변화 특별팀은 "우리가 준비 없이 의무감축국이 된다면, 연간 10조~20조 원의 비용이 들어갈 것이며, 지금부터 노력하지 않으면 미래비용은 계속 증가될 것"이라고 당선인에게 보고했다. 또 EU에서는 배출권거래제가 본격적으로 도입되어 거의 성공적으로 안착하는 듯 보였다. 제대로 듣지도 보지도 못한 탄소시장이 그럴듯하게 만들어지는 것 같았단 뜻이다. 그래서 그런지는 모르겠지만, 이명박 대통령은 취임 직후 '저탄소 녹색성장'을 간판으로 들고나왔다. "녹색기술과 청정에너지로 신성장동력과 일자리를 창출하는 신국가발전 패러다임입니다." 취임 후 처음 맞는 광복절 경축사에서 이명박 대통령이 한 말이다. 그리고 이제 대한민국은 '저탄소 녹색성장의 원년'을 맞이했다고 선언했다. 저탄소 녹색성장. 얼핏 에너지, 기후변화, 그리고 신성장동력을 한 방에 해결하는 묘수처럼 보였다.

'녹색성장'[38]이라는 용어는 2005년 서울에서 개최된 환경과 발전에 관한 아태지역장관회의에서 처음 언급된 것으로 알려져 있다. 여기에 이명박 대통령은 '저탄소'라는 수식어를 붙여 온실가스를 줄이는 분야로 구체화했다. 역시 두루뭉술한 것을 싫어하는 전직 CEO다웠다. 문제는 이 '저탄소 녹색성장'이라는 어젠다가 시대의 흐름도 잘 반영하고 새 정부의 의지도 잘 보여주고는 있었지만, 과연 새로운 정부의 정체성과도 잘 부합되고 있었냐는 점이다.

우리는 '이명박 대통령' 하면 현대건설을 떠올리고, '현대건설' 하면 경부고속도로를 떠올린다. 일부에서는 이런 이명박 대통령을 일컬어 '토건 대통령'이라는 그리 명예롭지 못한 별명을 사용하기도 했다. 이런 대통령이 '녹색, green'을 모토로 들고나왔다. 사람들은 고개를 갸웃하지 않을 수 없었다. 그러다 4대강사업과 원자력을 저탄소 녹색성장의 쌍두마차로 삼자, 모든 환경 NGO들이 벌떼처럼 들고 일어났다. 녹색성장이 아니고 회색성장[39]이라고 비난을 퍼부었다. 여기서 이명박 대통령의 '저탄소 녹색성장'이 녹색이냐 회색이냐를 논할 생각은 없다. 다만 이명박 대통령의 녹색성장이 '녹색'보다는 '성장' 쪽에 상당히 무게중심이 있었던 것[40]만은 사실이었던 것으로 보인다. 그러나 정말 의외로, 국내가 아닌 국외에서 이 저탄소 녹색성장의 추진 동력이 나타났다. 즉, 국내가 아닌 국외에서 훨씬 더 잘 먹혀들었다.

그린뉴딜

2008년 9월 투자은행 리먼브라더스의 파산으로 본격적으로 미국발 금융위기가 왔다. 오바마 대통령은 이를 극복하기 위해 선거운동 때부터 들고나온 신재생에너지 확대정책 등을 잘 버무려서 '그린뉴딜Green New Deal'이라는 이름으로 강력하게 추진했다. 과거 미국의 루스벨트Franklin Roosevelt 대통령이 대공황을 극복하기 위해 추진한 뉴딜 정책에서 이름을 따왔다고 볼 수 있다. 루스벨트 대통령은 테네시 계곡 개발로 대표되는 대규모 토목공사에 돈을 쏟아부어 1930년대의 대공황을 넘어섰는데, 이번에는 신재생에너지로 대변되는 녹색산업에 돈을 쏟아부어 당시 몰아닥친 최대의 금융위기를 넘어가겠다는 이야기였다. UN에서 환경문제를 전담하는 전문기구인 UNEP는 한발 더 나아가 '글로벌 그린뉴딜(Global Green New Deal: GGND)'을 추진하자고 주장했다. 따로따로 놀 것이 아니라 같이하면 훨씬 더 효과를 볼 수 있다는 이야기였다. 물론 대한민국은 이에 적극적으로 참여했다. 그동안 국내에서 NGO들에게 구박받던 '저탄소 녹색성장'을 그대로 한국의 '그린뉴딜'로 포장 했다. 4대강사업은 당연히 가운데 토막이었다. '그린'이냐 하는 데는 의문이 있지만, 대규모 토목사업이라는 점에서 '뉴딜'하고 이렇게나 딱 맞는 사업이 또 있을까 모르겠다. 원자력은 논란의 여지가 있을 수 있는 것으로 봤는지 싹 뺐다. 여하튼 한국의 그린뉴딜 계획은 거의 모범답안으로 대접받았다. 당시 UNEP에서 각국이 효과적으로 GGND를 수행할 수 있도록 일종의 매 뉴얼 성격의 보고서를 만들었다. 보고서의 제목은 '경기회복 다시 생각하기: 글로벌 그린뉴딜'[41]이었다. 이 보고서의 핵심은 G20 국가들이 금융위기 극 복을 위해 선도적으로 나서서 GDP의 최소 1% 정도를 그린뉴딜에 투자하자 는 것이었다. 특히 보고서의 서두에서, 한국이 360억 달러를 들여 녹색뉴딜 을 실시하고 있으며 이 보고서에서 주창하는 많은 정책을 포함하고 있다고 한국의 녹색성장을 아주 긍정적으로 평가했다. 그리고 별도로 본문에서 한 국의 관련 정책을 상세하게 소개했다. 이 보고서는 나중에 책으로도 출간되 었다.

미국의 펜실베이니아 주에 위치한 피츠버그에서 세 번째 G20 정상회의가 열리기 하루 전 날, UNEP가 GGND와 관련하여 G20 국가들이 얼마나 잘하고 있나 평가한 결과를 발표했다.[42] 놀랍게도 대한민국이 모든 평가지표에서 압 도적인 1위를 차지했다. GDP 중 녹색펀드가 차지하는 비율 7%로 1위, 국민 1 인당 녹색 경기부양투자Green Stimulus가 차지하는 비율 1,238달러로 1위, 경기 부양투자Economic Stimulus에서 녹색펀드가 차지하는 비율 79%로 1위. 이 모든

표 3.3 세계 각국의 녹색투자 실적

경기부양투자 중 녹색펀드 비율	총국내생산 중 녹색펀드 비율	일인당 녹색경기부양투자
1. 한국 79%	1. 한국 6.99%	1. 한국 1,238달러
2. 중국 34%	2. 중국 5.24%	2. 호주 420달러
3. 호주 21%	3. 호주 0.87%	3. 미국 365달러
4. 프랑스 18%	4. 미국 0.75%	4. 일본 282달러
5. 영국 17%	5. 일본 0.74%	5. 독일 168달러
6. 독일 13%	6. 독일 0.36%	6. 중국 166달러
7. 미국 12%	7. 남아공 0.29%	7. 프랑스 94달러
8. 남아공 11%	8. 프랑스 0.20%	8. 영국 84달러
9. 멕시코 10%	9. 영국 0.19%	9. 캐나다 77달러
10. 캐나다 8%	10. 캐나다 0.17%	10. 이탈리아 22달러
11. 에스파냐 6%	11. 멕시코 0.07%	11. 에스파냐 18달러
12. 일본 6%	12. 이탈리아 0.06%	12. 남아공 16달러
13. 이탈리아 1%	13. 에스파냐 0.05%	13. 멕시코 7달러

것이 2위와의 격차가 한참 벌어진 1위였다. 그야말로 '아 대한민국!'이었다. 역시 뭔가 폼 나게 포장해서 파는 데는 사업하던 사람만 한 사람은 없었다.

제18차 당사국총회, 대한민국, 서울

피츠버그에서는 다섯 번째 G20 정상회의를 2010년 11월 서울에서 개최하기로 결정했다. 전해 들은 이야기로는 이명박 대통령은 돌아오는 전용기에서 기자들과 함께 만세 삼창을 했다고 한다. 무지하게 기뻤던 모양이다. 그래서 아마 서울회의 개최를 열흘 앞두고 행한 라디오 연설에서 "회의 개최의 경제적 효과가 30조 원 정도라고 하고 있습니다. 또는 홍보 효과는 월

그림 3.1 서울 G20 정상회의의 경제적 효과

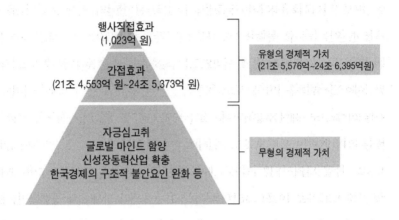

자료: 이동훈, "서울 G20 정상회의 기대효과", CEO Information, 제772호(2010.9.15).

드컵보다 네 배 이상 높다는 전망도 나왔습니다. 그러나 수치로 환산되는 이익보다도 훨씬 더 중요한 것은 국민적 긍지와 국가적 자부심이라고 생각합니다"라고 얘기한 모양이다. 이틀 하는 회의 하나 개최에 따른 효과가 자그마치 30조 원! 그해 삼성전자 순이익의 근 두 배!

그러니 송도에 유치한 녹색기후기금의 규모가 8,000억 달러에 이를 것이며, 이에 따른 경제적 효과가 연 3,800억 원에 이른다는 얘기를 하지 않았나 싶다. 이미 앞서 코펜하겐어코드에 대해서 이야기할 때 언급했던 바와 같이, 2020년부터 선진국들이 매년 마련하겠다고 하는 1,000억 달러는 공공부문과 민간부문, 양자 간 또는 다자간 다양한 자금원을 통해 조성한다고 코펜하겐어코드에 적혀 있었다. 시작단계부터 선진국들은 이미 시행하고 있던 각종 양자 간 다자간 협력사업들을 여기에 다 포함시킬 생각을 하고 있었다. 게다가 민간부문도 포함한다니, 이건 어디까지 확대될지 아무도 모른다. 예를 들어 미국의 GE가 베트남에서 수력발전 사업을 하면, 이것도 지원하기로 한 1,000억 달러 중 일부라고 주장할 것이다. 따라서 세 쪽짜리 코펜하겐 어코드를 한 번만이라도 읽어봤다면 절대 저런 이야기가 나올 수가 없다. 모르고 이를 그대로 여기저기 인용하는 사람들보다, 절대 모르지 않을 위치에 있는 몇몇 사람들이 알면서도 모르는 척하는 모습을 보았을 때 안타까운 마음을 금할 수가 없었다.

G20 피츠버그 정상회의를 앞둔 9월 22일 이명박 대통령은 미국 뉴욕에서 열린 유엔 기후변화 정상회의에도 참석했다. 여기서 "온실가스 감축이 경제성장을 저해할 수 있다는 우려가 있는 것이 사실이지만, 녹색성장 전략을 통하여 저탄소 기술개발에 과감히 투자하고 녹색산업을 새로운 성장동력으로 삼는다면 그 같은 어려움을 헤쳐나갈 수 있다"고 저탄소 녹색성장을 본격적으로 세일즈했다. 이는 코펜하겐 당사국총회에까지 계속 이어졌다. 그리고 마침내 2012년 아시아에서 진행될 열여덟 번째 당사국총회를 유치하겠다고 밝혔다. 아마 컨벤션산업을 우리의 신성장동력으로 본 모양이다. 이건 두 주 동안 개최되니 한 200조 원의 효과가 있으려나.

당사국총회를 한국에서 개최하겠다는 시도에 대해서는 상반된 의견이 있었다. 개최를 적극 지지하는 쪽에서는 "저탄소 녹색성장 선도국가로서 우리나라의 국제적 위상을 제고할 수 있을 뿐만 아니라, 국내 녹색기술·녹색산업을 홍보하고 국가이미지를 제고할 수 있는 획기적인 계기가 될 것"[43]이라고 환영했다. 반대하는 입장은 조금 복잡하다. 우선 총회를 개최하게 되면 우리가 온실가스를 줄이려는 노력을 열심히 기울이고 있다고 타의 모범을 보여야 되는데, 이는 결국 부담으로 작용할 수밖에 없다는 이유를 들어 산업계가 반대했다. 물론 산업계는 정부의 눈치를 보느라 이를 대놓고 얘기하지는 못했다. 그러나 만에 하나 1997년 교토회의를 개최한 일본이 과도한 온실가스 감축목표를 정한 것처럼, 매우 부담스러운 어떤 일이 벌어지지 않을까 적잖아 우려하고 있었다. 그런데 마침 한국의 환경 NGO들이 당사국총회 유치를 반대하고 나섰다. 사유인즉, 더 이상 4대강사업이 포함된 녹색성장을 팔고 다니지 말란 이야기였다. 국내 환경단체 연합인 녹색연합이 "COP 유치보다 전 지구 기후변화행동을 위한 리더십이 먼저다"라는 제목의 성명서[44]를 발표했다. 그리고 COP 유치를 원한다면 그전에 적극적인 온실가스 감축목표를 수립하고, 4대강사업, 핵발전 등 위선적인 녹색가면부터 벗으라고 정부를 압박했다. 4대강사업이 정말 마음에 들지 않았던 모양이다. 환경단체들 입장에서는 기후변화 당사국총회 유치를 어지간해서는 반대하지 않았을 터인데. 어쨌든 최종적으로 이 회의가 카타르 도하에서 개최되는 것으로 결정되는 바람에 더 이상의 논란은 이어지지 않았다.

사실 한국 정치일정을 감안하면 당사국총회를 유치하겠다고 나서는 것은 좀 무리가 있었다. 2012년 11월 말이면 온 나라가 18대 대통령선거로 들썩이게 될 때였다. 그러니 한국에서 당사국총회를 하게 되면, 손님 잔뜩 모셔다놓고 자기들은 완전히 딴짓을 하는 꼴이 되어버린다. 당사국총회가 5개 대륙별로 순차적으로 개최지가 결정되고 일정은 매년 11월 말에서 12월 초에 걸쳐 두 주간이니, 5년마다 돌아오는 아시아지역 개최는 한국 대선일정과 정확하게 일치될 수밖에 없었다. 그러니 정상적으로 생각하는 정치가라면 잔치한다고 손님 불러놓고 집안싸움만 하고 있는 꼴을 보일 리는 없을 거라는 것이 내용을 아는 사람들의 생각이었다. 따라서 이런 정치적 일정을 감안하면, 대한민국의 당사국총회 개최는 헌법을 바꾸기 전에는 불가능하다고 웃으며 얘기했었다. 그런데 정치가들의 셈법은 참 다른 모양이다. 아니면 필자가 생각이 짧았나?

만일 18차 당사국총회가 대한민국 서울에서 개최되었다면 어떤 일이 일어났을까? 아니 꼭 서울이 아닐 수도 있었다. 그 당시 여수가 당사국총회 개최에 아주 발 벗고 나섰으니 혹 여수였을 수도 있다. 서울이든 여수든 무슨 일이 일어났을까? 필자의 오랜 당사국총회 참여 경험에 의하면 기후변화협약장에서 개최국이 할 수 있는 일은 매우 제한적이다. 냉정하게 얘기해서 총회의장으로서 환경부장관이 엄청나게 바빠진다는 것을 제외하고는 특별한 것이 없다. 다른 나라에서 정상급이 참석하지 않는다면, 개최국의 정상은 의례적인 저녁식사 한 번 대접하는 것 이외에는 딱히 할 일도 없다. 서울에서 회의가 개최된다는 이유만으로 일부러 기후변화협약 당사국총회에 참석할 세계 정상은 없었을 터이니, 이명박 대통령이라고 해도 그냥 가만히 있는 것 이외에 별 뾰족한 방법이 없었을 것이다. 그러니 어쩌면 절대 본인 마음에는 안 들겠지만, 이명박 대통령은 다른 때보다 더 한가한 시간을 보냈을지도 모른다. 그냥 '도하게이트웨이'* 대신에 '서울게이트웨이'가 만들어지고, 물론 내용에 별 변화는 없었을 것이며, 서울 시민들이 두 주 동안 교통 불편에 시달렸을 것이고, 숙박업소나 요식업소는 빤짝 호황을 누렸을 것이다. 산업체가 걱정했던 사고는 무엇이었을까? 얼마 전에 야심차게 발표한 대한민국 온실가스 감축목표를 더 강하게 해서 새로 발표할 리도 없고, 배출권거래제는 벌써 한다고 법도 다 만들었지, 딱히 떠오르는 것이 없다. 그게 어떤 사고였을지는 모르지만 어지간해서는 특별히 관심을 끌기도 어려웠을 것이다. 그러나 만일 18차 기후변화 당사국총회가 대한민국의 어딘가에서 개최되었다면, 앞서 NGO들이 걱정했듯이 '저탄소 녹색성장'에 대한 엄청난 홍보판이 벌어졌을 것임에는 틀림이 없었다. "당사국총회에 집중되는 국제적 관심을 우리나라의 녹색성장 홍보에 적극 활용하면서, 녹색산업의 성장

■ 카타르 도하에서 개최된 제18차 당사국총회의 결정사항을 '도하 기후 게이트웨이'라고 부르며, 약칭해서 '도하게이트웨이'라고도 한다.

동력화 및 녹색성장에 대한 자발적 참여도 제고 등도 기대할 수 있을 것", 이것이 당사국총회 유치를 이야기하면서 정부가 내건 명분이었다.

잘나가는 녹색성장

많은 사람들이 지적했듯이, 녹색과 뉴딜은 기본적으로 어울리지 않았다. 녹색은 호흡이 긴 정책이다. 지금부터 열심히 노력해도 결과는 한참 후에나 나온다. 반면에 뉴딜은 지금 당장 발등의 불을 끄기 위한 비상대책이다. 그러니 그 둘을 합쳐놓으면 삐걱댈 수밖에 없다. 말은 그럴듯하게 들리나 실제는 한계가 있었다. 결국 얼마 안 가서 '그린뉴딜'이라는 단어 자체가 사라져 버리고 잊혀버린 건 당연한 결과라 할 것이다. 다른 데도 아니고 전 지구적인 환경문제를 무엇보다도 우선해서 고민해왔던 UNEP에서 'Global Green New Deal'을 들고나온 것은 너무 유행을 따라간 것 아닌가 하는 생각이 든다. 그러나 녹색성장은 좀 달랐다. 여기저기서 잘나갔다. G20과 OECD 회의장에서 특히 잘 팔렸다.

2009년 6월 OECD 각료이사회가 파리 OECD 본부에서 30개 회원국과 주요 신흥경제국 10개국 등 총 40개국이 참여한 가운데 열렸고, 녹색성장 선언Declaration on Green Growth을 채택하고 폐회했다. 이 과정에서 한국의 한승수 국무총리가 주도적 역할을 한 것으로 알려졌고, 영국, 미국, UNEP 등은 녹색성장 정책에 대한 한국의 선도적 역할을 높이 평가했다. 그리고 G20 서울 정상회의에서는 "빈곤층에 대한 에너지 접근을 보장하면서 고용창출을 동반한 환경적으로 지속가능한 세계성장을 촉진하는 국가 주도 녹색성장정책을 지지하기로 합의한다"는 내용이 포함된 합의문이 채택되었다. 물론 이 과정에서 이명박 대통령이 눈부신 활약을 보였다. 이렇게 총리와 대통령이 안팎에서 맹활약을 보이면서 대한민국의 '저탄소 녹색성장'은 국내에서 보다 국외에서 훨씬 더 인기를 얻었다.

역시 밀어붙이고, 파는 데는 최고였다

'저탄소 녹색성장'이라는 새로운 어젠다의 탄생부터 GCF 사무국의 송도 유치까지 일련의 과정을 돌이켜 보면, 이명박 대통령의 임기는 온통 녹색이었다. 저탄소 녹색성장 원년 선언, 녹색성장위원회 설치, 녹색뉴딜 컨테스트 1위, G20 서울 정상회의 성공개최, 「저탄소 녹색성장 기본법」 제정, 글로벌 녹색성장연구소 설립, 글로벌녹색성장정상회의 정례적 개최, 녹색기술센터 설립, 「녹색건축물조성 지원법」, 「배출권거래제법」, 녹색기후기금 유치, 그리고 짬짬이 각종 국제회의에서 녹색성장 세일즈하기. 뭐 하나 방향을 잡고 밀어붙이는 데는 당할 자가 없다. 안타깝다. 이렇게 열심히 하는 대통령인데, 초점이 조금만 잘 맞았다면 얼마나 좋은 결과가 많이 나왔을까.

4대강 문제는 논외로 하고, 첫 번째이자 치명적으로 초점이 잘못 맞춰진 일이 발생했다. '온실가스 감축 국가목표설정'이 바로 그것이었다.

매의 눈으로 바라보라!

온실가스 감축 국가목표를 법으로 정하다

필자는 법에 대해 잘 모른다. 그러나 그 법이라는 것이, 대한민국 평균에 해당되는 사람의 상식에서 크게 다르지 않을 것이라는 믿음은 가지고 있다. 그러니 필자가 살아가면서 법에 대해 신경써 본 적이 별로 없다. 그저 상식적으로 생각하고 상식적으로 판단하면 크게 문제 되는 것이 없으려니 하고 살고 있다. 아주 드물게 속이 뒤집어지는 일이 있기도 하다. 그러나 그런 경우는 법의 기본 취지에 문제가 있다기보다는 행정편의적인 처리절차의 문제인 경우가 대부분이다. 이런 필자에게 누가 '중장기 온실가스 감축 국가목표'를 법률로 정하자고 한다면, 아니 이 양반이 돌았나 하고 콧방귀도 안 뀔 것이다. "왜, 물가상승률이나 경제성장률도 법으로 정하시지. 살다보니 별 걸 다 법으로 정하려고 하네. 아무거나 정하면 다 법인가?" 이럴 것이다. 그런데 믿기지 않게도, 대한민국의 「저탄소 녹색성장 기본법」 시행령 제25조 제1항에 '2020년의 국가 온실가스 총배출량을 2020년의 온실가스 배출 전망치 대비 100분의 30까지 감축하는 것으로 한다'라고 온실가스 감축 국가목표가 정해져 있다. 아니, 어떻게 이런 일이! 게다가 법에는 온실가스 감축목표뿐만 아니라 에너지 절약 목표 및 에너지 이용효율 목표, 에너지 자립 목표, 신재생에너지 보급 목표를 정하고 그 달성을 위하여 필요한 조치를 강구하라고 정해져 있다. 그런데 왜 다른 목표들은 다 제외하고 굳이 '온실가스 감축목표'만 시행령에다 명기했을까? 알다가도 모를 일이다.

앞서도 이야기했듯이, 이런 중장기 국가목표는 비록 '목표'라는 용어를 사용하고는 있지만 '전망'이 더 어울린다. "우리가 열심히 이런저런 노력을 기울이면 지금부터 한 10년쯤 뒤에는 온실가스가 이런저런 전제하에 이쯤 나올 것 같다", 이렇게 이야기하는 것이 훨씬 더 정확하다. 이렇게 이야기할 때 핵심은 '이런저런 노력을 기울이면'에 있다. 따라서 그런 노력을 실제로 얼마나 했느냐 여부가 일을 얼마나 열심히 잘했느냐를 판단하는 핵심이 된다. 그 결과로서 온실가스가 얼마나 나왔는가는 그다음 이야기다. 또 온실가스 배출 전망치를 구하는 데 기초가 되는 GDP증가율, 인구증가율, 산업구조, 에너지원별 믹스전망, 온실가스 감축기술옵션 등과 같은 기본전제는 늘 변한다. 따라서 한 국가의 온실가스 배출 전망치는 전망할 때마다, 전망하는 사람에 따라 변한다. 그러니 이런저런 설명도 없이, 늘 변할 수 있는 것으로부터 30%를 줄이는 것을 국가목표로 삼는다고 법에 명기하는 것은 한참이나 이상하다. 보통 국가목표를 정하고 싶을 때는, 목표를 포함한 종합계획을 수립하도록 법으로 정하는 것이 일반적인 접근이다. 「저탄소 녹색성장 기본법」 시행령 제25조(온실가스 감축 국가목표설정·관리), 이건 일종의 코미디다.

문제는 이 법을 만든 사람들이 이것이 코미디라는 것을 모를 사람들이 아니었다는 데 있다. 그럼에도 국가목표를 이런 식으로 법에다 명기하는 것으로 무엇을 얻을 수 있었을까? 국제사회로부터 받을 "대단한 대한민국이야!"

하는 칭찬이었을까? 아니면 이렇게라도 해서 온실가스를 정말 줄이기 싫어하는(?) 대한민국의 기업들을 각성시키기 위한 것이었을까? 아니면 설마 그게 코미디란 사실을 몰랐을까? 또는 정말 혹시나, 그렇게 정하는 것이 특정인이나 특정 그룹의 이익에 부합되기 때문이었을까? 필자로서는 알 길이 없다. 다만 이리저리 짐작만 할 뿐이다.

참고로 30%라는 숫자에 대해서도 전문가들의 많은 지적이 있었다. 여기서는 그 이야기는 하지 않기로 한다. 솔직히 필자로서는 할 능력도 없다. 다만 앞서 지적한 것처럼 국가목표를 정하는 데 있어 실질적인 내용보다는 20%냐 30%냐 하는 숫자에 매달리는 것은 대한민국이라고 다르지 않았다는 점만 짚고 넘어간다.

"뭐, 좀 이상하긴 하지만 그렇다고 그리 법석을 떨 일은 아닌 거 같은데. 그만큼 열심히 하자는 거 아냐?" 이렇게 그냥 간단히 얘기하고 넘어갈 수도 있다. 그러나 가만히 전후사정을 살펴보면, 이건 뒤따라오는 또 다른 무리수를 위한 일종의 땅고르기 작업이었다.

두 번째 잘못 맞춘 초점, 배출권거래제

모든 사람들이 이명박 대통령은 '비즈니스 프렌들리' 할 것이라고 생각했다. 그리고 본인도 취임 초기부터 '전봇대 뽑기'로 상징되는 규제완화를 통해서 그러함을 증명해 보이려고 노력했다. 그런 대통령이 왜 공장굴뚝에서 나오는 온실가스를 규제할 생각을 했을까? 정말 지구가 더워지는 것을 걱정해서 대한민국의 기업들에 대한 규제를 대폭 강화할 요량이었을까? 그 생각의 단초는 2011년 2월 행한 라디오 연설에서 찾을 수 있다.

산업계의 의견을 최대한 수렴하여, 적절한 시점에 '배출권거래제'를 도입할 예정입니다. 온실가스를 할당량 이상 배출한 업체는 초과 배출량만큼 배출권을 사고, 적게 배출한 기업은 보상을 받는 제도입니다. 정부는 이를 국제동향과 산업경쟁력을 감안해서 유연하게 추진해나갈 방침입니다(2011년 2월 7일, 이명박 대통령 라디오 연설에서).

많은 사람들이 잘못 이해하고 있거나 또는 속아 넘어간 것처럼, 이명박 대통령도 '적게 배출한 기업은 보상을 받는 제도'로 배출권거래제를 잘못 알고 있었다.

이미 살펴본 것처럼 온실가스의 총량을 규제하는 것이 배출권거래제의 출발점이다. 그리고 온실가스의 총량을 규제한다는 것은 정상적으로 지금 뿜어내는 온실가스의 양보다 더 적은 양을 배출하도록 한도를 정한다는 이야기다. 즉, 할당량은 정상수요보다 늘 적은 것이 기본이다. 따라서 정상적이라면 모든 기업은 배출권이 부족하게 된다. 기업들은 정상적인 경우보다 더 많은 노력을 기울여, 다시 말하면 더 많은 비용을 들여서 온실가스를 줄여야만 한다. 얼마냐의 문제일 뿐 모두 돈을 들인다. 배출권거래제는 다만 거래를 통해서 들이는 비용을 합리적으로 최소화하자는 취지일 뿐이다. 아주 드물게 싸게 많은 양의 온실가스를 줄였다면, 이를 내다 팔아 돈을 좀 챙길 수도 있다. 그러나 이는 예외적인 경우로 봐야 한다.

배출권거래제는 누군 벌고, 누군 쓰고, 그래서 다 더하면 제로가 되는 제로섬zero sum게임이 아니다. 금액의 차이는 있지만 모두 함께 돈을 쓰는 마이너스섬minus sum게임이다. 따라서 '적게 배출한 기업은 보상을 받는다'라는 이야기는 할당을 제대로 하지 못하는 것을 전제하지 않는 다음에야 기본적으로 맞지 않는다. 하긴 남들 100원 들이는데 너는 10원 들였으니 그게 보상이라고 우기면 뭐 할 말은 없다. 설마 그런 의미로 이야기하는 것은 아닐 거라고 믿는다.

그렇다면 왜 대통령은 저런 식의 생각을 가지고 있었을까? 왜 '비즈니스 프렌들리' 하다고 스스로 이야기하고 다니던 대통령이 배출권거래제에 대해서 아무런 거부감을 가지고 있지 않았을까? 이에 대한 답은 「배출권거래제법」이 대한민국 국회에서 여야 합의 통과되는 것을 목전에 둔 시점에 배포된 녹색성장위원회의 2012년 5월 2일 자 보도자료에 상세하게 적혀 있었다.

무식하면 용감한가? 용감하면 무식해지나?

「배출권거래제법」이 국회를 통과할 당시 대한민국에는 온실가스를 많이 배출하거나, 화석연료를 많이 사용하는 공장이나 건물을 대상으로 '온실가스·에너지 목표관리제'라는 것이 이미 시행되고 있었다. 이 목표관리제에 따라 관계기관은 관리대상 업체와 미리 협의하여, 측정·보고·검증이 가능한 방식으로 감축목표를 설정하고 관리했다. 목표를 설정할 때는 과거의 온실가스 배출 및 에너지 사용실적, 기술 수준, 국제경쟁력, 국가목표 등을 고려하도록 했다. 얼핏 보기에 상당히 강력하게 온실가스 총량을 규제하는 정책인 것처럼 보이나, 사실은 그렇지 않았다. 법 조항이나 규정은 어쨌든 간에 실제로는 상당히 넉넉하게 제도가 운용되고 있었다는 이야기다. 아무리 칼자루를 쥐고 있었다고 해도 이것저것 다 감안해서 해당업체와 사전협의까지 거쳐서 목표를 정하니 빡빡하게 시행하기에는 현실적인 어려움도 있었을 것이다. 나중에는 어떻게 됐을지 모르나 그때 당시에는 꽤 느슨하게 운용되고 있었다.

사실 온실가스 배출량이나 에너지사용량을 대상으로 처음 시행된 총량규제적 성격의 정책으로 자발적 협약(Voluntary Agreement: VA)를 들 수 있다. 1990년대 후반부터 시행된 이 제도는 그야말로 자발적인 신사협약이다. 기업이 스스로 온실가스나 에너지 감축의 목표를 정하고 이를 달성하는 계획을 수립해서 정부와 업무협약을 맺는 것이었다. 정부는 자금이나 규제완화 등 필요한 사항이 있으면 이를 지원해주었다. 정말 우아하고 멋있어 보인다. 그러나 아무래도 스스로 목표를 정한다는 데서 한계가 있었다. 그래서 목표를 서로 협의해서 정하는 것으로 진화(?)된 것이 목표관리제였다. 이 목표관리제도 초기 시범사업 단계에서는 목표를 설정할 때 총량과 물량 원단위 중 선택이 가능했다. 그러던 것이 최종적으로는 총량만으로 목표를 설정하고 관리하는 것으로 강화되었다. 결국 그동안 시행되었던 정책들의 흐름을 쭉 관찰해보면, 시대적 흐름에 맞춰 점점 규제의 수준이 강화되어온 것을 알 수 있다.

그러고는 최종적으로 배출권거래제가 등장한 것이다. 따라서 배출권거래제가 그동안 추진한 모든 정책 중 규제의 수준이 가장 강할 것이라고 우리는 쉽게 짐작할 수 있다. 혹 이렇게 시계열적으로 생각하지 않더라도 근본적인 속성상 배출권거래제의 규제수준은 매우 강할 수밖에 없다. 배출권거래제에서 우리가 얘기하는 배출권은 헌법상 재산권[45]으로서의 성질을 인정할 수 있으며, 다만 필요한 경우에는 재산권에 대한 제한으로서 법률이나 공공복리에 의하여 제한할 수 있는 것으로 보는 것이 타당하다. 조금 과장해서 얘기하면, 배출권거래가격이 1만 원일 때 어떤 기업에다 1만 톤의 배출권을 할당한다는 것은, 어떤 면에서는 조폐공사에서 1억 원의 돈을 찍어내는 것과 같은 의미가 된다. 그러니 어떻게 배출권을 할당하는 행위를 녹록하니 할 수 있겠는가? 빡빡해도 엄청 빡빡하게 할 수밖에 없다. 다시 말해 배출권거래제하에서의 규제 수준은 기존의 다른 경우보다 훨씬 강할 수밖에 없다.

그림 3.2 **녹색위원회 보도자료에서 나타난 목표관리제와 배출권거래제 비교**

구 분	목표관리제	배출권거래제
감축목표·경로	국가 목표('20년 BAU 대비 30%↓). - 부문별·업종별 감축 목표와의 정합성을 유지하여 목표(= 배출권 할당량) 설정. ※ 목표관리제에서와 배출권거래제에서 감축목표 설정 방법 동일.	
MRV	목표관리제 하에서 구축되는 MRV 공통 활용. ※ MRV(Measuring·Reporting·Verifying) : 배출량 측정·보고· 검증.	
작동방식	직접규제 (Command and Control).	시장 메커니즘 또는 가격기능.
이행경계	단년도 / 자기 사업장에 한정.	다년도(5년) / 외부감축(상쇄)인정.
목표달성수단	감축 실시(유일한 수단).	감축 또는 구매, 차입·상쇄.
초과감축시	인센티브 無(목표달성으로 종료).	판매 또는 이월 가능.
제재수준	최대 1천만원 과태료(정액).	초과 배출량 비례 과징금.

자료: 『녹색성장위원회 보도자료』(2012.5.2).

이런 점들을 염두에 두고 문제의 〈그림 3.2〉 녹색성장위원회의 보도자료를 보도록 하자. 양 제도에서 감축목표의 설정과 배출권의 할당은 사실상 그 의미와 절차가 같고, 이미 시행하고 있는 목표관리제는 경직되고 인센티브도 없고 단 1톤만 초과배출해도 과태료가 정액으로 부과된다. 그러나 새로 시행하려고 하는 배출권거래제는 감축비용도 절감 가능하고 탄력적이며, 초과 감축한 것은 팔 수도 있는 데다 과태료 역시 초과 배출량에 비례해서 부과하는 아주 합리적인 제도라는 설명이다. 이미 시행하고 있는 제도에다가 참여하는 업체들에게 여러 가지 편의를 제공해주고 인센티브도 마련해준단다. 이 얼마나 '비즈니스 프렌들리' 한가. 그러니 이명박 대통령은 아마도 고개를 끄덕이면서 일 잘한다고 칭찬했을 가능성이 컸다. 다만 언제 얼마만큼의 배출권을 유상으로 할당할 것인가만, 라디오 연설에서 밝힌 것처럼, '국제 동향과 산업경쟁력을 감안해서 유연하게' 결정하면 된다고 생각했을 것이다.

배출권거래제를 제대로 하려면 목표관리제와는 달리 할당을 상당히 빡빡하게 해야 된다는 설명은 쏙 빠져 있다. 물론 거래를 하게 되면 할당의 부작용도 거래되고, 할당은 아무리 잘하려고 해도 부작용이 있을 수밖에 없다거나, 배출권의 법적인 성격이 애매하다는 등의 고민은 당연히 어디에도 없다.

동전의 양면

그런데 온실가스 감축 국가목표의 설정과 배출권거래제, 이 잘못 맞춘 두 초점은 서로 다르지 않았다. 사실상 동일한 지향점을 가지고 있었다. 공장 굴뚝에서 나오는 온실가스의 총량을 규제하려면 그에 걸맞는 화급한 필요성이 있어야만 한다. "지구가 더워지니까"라든가, "우리 기업의 체질을 개선하기 위하여"라든가 하는 얘기는 가슴에 좀 덜 와 닿는다. 그보다는 "법에 정해진 국가목표 달성을 위하여"라고 하면 훨씬 더 절실해 보인다. 밀어붙이기가 한결 쉽다.

아하! 이제 알겠다. 배출권거래제를 하려면 뚜렷한 국가감축목표가 있어야 편하단 말이지. EU 같은 경우에는 교토의정서상의 감축목표가 있으니 문제가 없는데 한국에는 그런 것이 없잖아. 그러니 차선책으로 자발적인 감

■「온실가스 배출권의 할당 및 거래에 관한 법률」 제1조(목적): 이 법은 「저탄소 녹색성장 기본법」 제46조에 따라 온실가스 배출권을 거래하는 제도를 도입함으로써 시장기능을 활용하여 효과적으로 **국가의 온실가스 감축목표를 달성**하는 것을 목적으로 한다.

축목표라도 설정을 해야겠지. 그런데 이게 그냥 종합계획상의 정책목표 정도로 있어서는 배출권거래제를 할 만큼 강도가 세지 않단 말이지. 좋다. 좀 무리가 가더라도 법에 아예 국가목표를 명시하면 훨씬 낫지 않은가. 이렇게 해서 온실가스 감축 국가목표가 법에 들어갔구먼. 이제 좀 이해가 되네. 배출권거래제를 하기 위해 국가목표를 설정하고, 국가목표를 달성하기 위해 배출권거래제를 실시하고. 국가목표와 배출권거래제가 서로 당기고 밀면서 맞물려 돌아간단 이야기지.

이 정도가 필자가 생각한 소설이다. 이제 처음부터 끝까지 일목요연하게 모든 것이 하나로 꿰어진다.

관성의 법칙, 한번 태어난 정책은 죽지 않는다

앞서 EU는 운 좋게 동구권이 없는 상태에서 배출권거래제를 도입할 수 있었다고 이야기했다. 한국도 본격적으로 배출권거래제를 시행하기 전에 정말 운 좋게 EU에서 모든 종류의 문제점을 다 보여주었다. 당연히 이를 잘 들여다보고 살펴보면 모든 문제를 해결할 수 있을 걸로 생각했다. 그래서 솔직히 필자는 한국에서 진짜로 배출권거래제가 시행되리라고는 생각하지 못했다. 그냥 이리저리 변죽만 울리다 적당히 사그라질 줄 알았다. 그러나 한국에서 태어나는 모든 정책에는 관성의 법칙이라는 것이 있는 것을 미처 몰랐다. 한번 만들어진 규제는 어지간해서는 죽지 않는다. 한번 달리기 시작하면 계속 달린다.

2014년 2월 19일, 환경부에서 대통령에게 업무보고를 했다. 이 보고자료를 보면 2014년 중으로 해당 업체에 대한 할당을 차질 없이 완료하고 2015

년부터 본격적으로 배출권거래제를 시행하는 것으로 되어있다. 안타깝게도 보고서 어디에도 지금 유럽에서 벌어지고 있는 탄소시장의 문제를 분석하고 이를 어떻게 타산지석으로 삼을 것인가를 언급하고 있는 곳은 없다. 이런 상황에서 "한국에서는 유럽처럼 자유화된 전력시장이 없어 비록 배출권거래를 시행하더라도 실시간거래가 일어나길 기대하는 것은 무리다"라고 얘기하는 것은 사치에 가깝다. 오히려 보고서 하단부에는 당구장 표시(※)와 함께 '2011년도 EU 배출권거래시장은 약 160조 원 규모'(세계은행, 2012)라는 문구가 첨부되어 있다. 아마도 대한민국의 배출권거래제 시행의 주무부서는 이제 이 시장이 반 토막[46]이 나버린 것을 잘 모르고 있나보다. 아니면 일부러 모르는 척하는 건가? 그래서 잘 모르는 사람들이 읽어보고, "어이쿠, 탄소시장이 이렇게 크단 말이야. 그럼 우리도 뭔가를 해야 되겠네", 이런 반응이 있기를 기대한 건가? 설마 그러지는 않았길 바란다. 어쨌든, 한번 태어난 정책은 강한 생명력을 가지고 있다. 아무리 잘못된 정책이라도 정책의 시행이 누군가에게는 유리한 점이 있고, 그 누군가는 칼자루를 쥐게 되므로 어지간해서는 죽지 않는다. 그렇지만 배출권거래제는 이렇게 치부하고 넘어가기에는 너무 많은 사람들이 관련되어 있고, 너무 많은 문제를 안고 있다. 이대로는 안 된다. 따라서 이미 너무 와버려 없었던 것으로 하는 것이 사실상 불가능하다면, 어떤 식으로든 당초 온실가스를 비용 대비 효과적으로 줄이고 참여자들에게 유연성을 부여한다는, 선의의 정책시행의 취지를 최대한 살리면서 부작용을 최소화할 수 있도록 하는 방안을 강구해나가야 한다.

솔직한 접근이 필요

개선책. 이건 생각보다 쉽다. 그냥 모든 것을 있는 그대로 테이블 위에 올려놓기만 하면 된다. 그리고 아주 솔직하게 우리가 원하는 것이 무엇이고, 할 수 있는 것이 무엇인지 따져보고 이야기하면 된다. 괜히 아닌 척하고 안 보이는 척해봐야 얼마 안 가서 다 들통이 난다. 주변에 있는 눈들이 그렇게 만만하지 않다. 솔직함과 진정성, 이것들이 바로 지금 필요한 때이다.

먼저 저탄소녹색성장 기본법 시행령 제25조에 '2020년의 국가 온실가스 총배출량을 2020년의 온실가스 배출 전망치 대비 100분의 30까지 감축하는 것으로 한다'라고 정한 온실가스 감축 국가목표. 이것부터 깊이 돌아봐야 한다. 이것이 모든 문제의 출발점이다. 지금 중요한 것은 이렇게 이상한 것은 이상하다고 이야기하고 받아들이는 것이다.

목표든 전망이든 지향점을 잡는 것은 중요하다. 그러나 동시에 그 지향점의 의미를 정확하게 이해하는 것 역시 그에 못지않게 중요하다. 국가목표를 시행령의 한 조항으로 명시적으로 정했다가 「저탄소 녹색성장 기본법」 제40조에 정한 국가의 '기후변화 대응 기본계획'에 녹여 집어넣으면 정부의 온실가스 감축의지가 대폭 후퇴한 것이라고 비난을 받을 우려도 있다. 그러나 그런 비난이 무서워 잘못 끼워진 단추를 제대로 고쳐 끼우는 것을 두려워해서는 곤란하다. 더 이상 말장난하지 말고, 잘못된 것은 얼른 잘못되었다고 얘기하고, 지킬 수 없는 약속은 가능한 한 빨리 지키기 어렵다고 얘기하는 용기도 필요하다. 국가의 온실가스 감축목표를 제대로 된 시각으로 보는 것. 이것을 새로운 출발점으로 삼아야 한다. 요즘 회자되는 '비정상의 정상화'는 여기에서도 필요하다.

무엇을 위해서 배출권거래제를 하는가?

온실가스에 대한 총량규제와 배출권거래를 통해서 우리가 얻고자 하는 것이 무엇인지 필자는 잘 모르겠다. 개별기업의 온실가스를 줄이기 위해서인가, 아니면 국가 온실가스 감축목표를 달성하기 위해서인가? "개별기업의 온실가스를 줄여서 국가감축목표를 달성하기 위해서"라고? 그 국가감축목표가 뭐기에 그걸 달성하기 위해 기업의 공장굴뚝에서 나오는 온실가스의 총량을 정한단 말인가. 그래서 정한 양보다 더 뿜어내면 벌금을 물린다고?

단언컨대, 일부러 온실가스를 더 배출할 한국의 기업가는 없다. 온실가스를 뿜어내는 데는 돈이 들어간다. 아무 이유 없이 돈을 공장굴뚝을 통해 하늘로 날려버릴 사람은 없다. 다만 온실가스를 줄이는 데 우선순위가 다를 뿐이다. 한정된 돈을 쓸 곳은 많으니 당연히 급한 곳에 먼저 쓰게 된다. 필자 경험에 의하면 온실가스를 줄이는 것은 일반적으로는 우선순위가 좀 떨어진다. 특히 제품원가 중 에너지비용이 차지하는 비중이 낮은 업종일수록 더하다. 대게 그런 곳에서는 에너지 사용설비, 즉 온실가스를 발생하는 설비는 한번 설치되면 그저 말썽 없이 잘 돌아가주기만 하면 되는 것으로 간주되기 십상이다. 따라서 이런 곳에서 온실가스를 줄이는 투자에 대한 우선순위를 높이는 정책이 필요하다.

온실가스 총량규제와 거래를 통해서 우리가 얻고자 하는 것이 무엇인가에 대한 제대로 된 고민과 합의가 필요하다. EU의 배출권거래제가 주는 교훈이 무엇인지도 정확히 살펴봐야 한다. 물론 남들의 눈도 무시할 수 없다. 온실가스를 줄이려는 국제적 노력에 대한민국이 어느 정도 동참하기를 국제사회가 기대하고 있는지, 현실적으로 우리는 얼마나 기여할 수 있는지도 중요한 점이다.

'온실가스 배출권을 거래하는 제도를 도입함으로써 시장기능을 활용하여 효과적으로 국가의 온실가스 감축목표를 달성하는 것을 목적으로 한다.' 이게 「배출권거래제법」에 정해져 있는 제도 도입의 목적이다. 과연 한국에서 배출권거래라는 시장기능이 활용될 수 있는 여건이 갖추어져 있는가? 그렇게 하면 효과적으로 국가의 온실가스 감축목표를 달성할 수 있는가? 그 국가의 온실가스 감축목표는 총량규제를 통하여 달성해야 될 만큼 그렇게 절실하고 중요한가? 이런 의문에 대한 답을 다시 잘 생각해봐야 한다. 특정 부처나 집단의 이익을 위하는 것이 아니라 진정으로 우리가 하고 싶은 것이 무엇이고, 할 수 있는 일이 무엇인가를 깊이 생각하면 합리적인 해결 방안을 찾아낼 수 있다.

EU의 배출권거래제는 잊어라! 그냥 유행 따라 가지 마시라. 정책은 유행이 아니다. 탄소시장도 잊어라! EU의 탄소시장이 아무리 커 보이고 멋있어 보여도 우리와는 관계가 없다. 그냥 남의 떡일 뿐이다. 지금 필요한 것은 기후변화시대를 살아가는 우리의 자세는 어떤 것이어야 하는가에 대한 진지한 고민이다. 그리고 그 가운데 대한민국의 국민은, 대한민국의 기업은, 대한민국은 어떻게 해야 하는가에 대한 성찰이 필요하다.

어디에 초점을 맞출 것인가?

중국정부는 중국의 CDM 사업에서 생긴 수익으로 자국 내 녹색기술의 보급을 지원하는 CDM 펀드를 만들어 운용하고 있다. 조성된 규모는 이미 20억 달러를 훨씬 넘어선 것으로 알려져 있다. EU에서 열심히 배출권거래제를 해서 중국의 녹색기술 산업을 획기적으로 지원해주었단 소리다. 여기에 중국정부는 다양한 법적·제도적 지원책을 마련하여 중장기적으로 지원을 확대해나가고 있다. 그 결과로 중국은 이미 신재생에너지 분야의 강국으로 자

그림 3.3 국가별 신재생에너지 투자현황

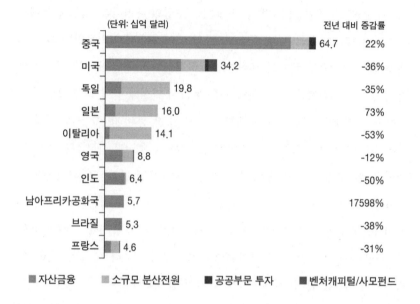

	(단위: 십억 달러)	전년 대비 증감률
중국	64.7	22%
미국	34.2	-36%
독일	19.8	-35%
일본	16.0	73%
이탈리아	14.1	-53%
영국	8.8	-12%
인도	6.4	-50%
남아프리카공화국	5.7	17598%
브라질	5.3	-38%
프랑스	4.6	-31%

■ 자산금융　　■ 소규모 분산전원　　■ 공공부문 투자　　■ 벤처캐피털/사모펀드

자료: UNEP, Bloomberg New Energy Finance.

리 잡고 있다. 누적 풍력발전 용량은 90GW를 넘어섰고, 태양광 발전 설비 용량도 2014년 중으로 10GW를 넘어설 것으로 보고 있다. 한국의 풍력 0.5GW, 태양광 1GW는 비교하는 것조차 우습다. 기술력 수준도 이미 우리를 앞서고 있다. 중국 최대의 풍력발전기 제조업체인 골드윈드 사는 독일의 벤시스Vensys사를 인수했고, 태양광 설비 전문 업체인 선테크Suntech사는 일본의 MSK사를 인수해서 핵심기술을 확보했다. 이런 노력에 따라 풍력발전, 태양광전지, 전기자동차, 가스터빈 등 거의 모든 녹색기술부문에서 중국회사[47]들이 세계 10대 기업에 진입했다.

독일, 영국, 프랑스 등 이미 우리를 훌쩍 앞서 가고 있는 유럽의 여러 나라는 말할 것도 없다. 기후변화협약장에서 가장 말썽을 많이 일으키고 있는 미국도 마찬가지다. 아마 전 세계에서 이런 기술 분야에 가장 많은 돈을 쓰고 있는 국가는 미국일 것이다. 지금 당장 온실가스를 줄이는 데는 좀 둔하히 하는 것으로 보일는지 모르지만, 향후 핵심이 될 녹색기술의 개발에는 어떤 나라보다 더 많은 노력을 기울이고 있는 나라가 바로 미국이란 이야기다. 그들은 이미 알고 있다. 미래의 녹색기술을 선점하는 것이 지금의 원유나 석탄 등 에너지자원을 확보하는 것만큼이나 국가의 경쟁력을 유지하는 데 필수적이라는 것을. 심지어는 그것이 일종의 전략자원이라는 것을.

대한민국의 '저탄소 녹색성장'. 말은 정말 잘 골랐다. '이 법은 경제와 환경의 조화로운 발전을 위하여 저탄소(低炭素) 녹색성장에 필요한 기반을 조성하고 녹색기술과 녹색산업을 새로운 성장동력으로 활용함으로써 국민경제의 발전을 도모하며 저탄소 사회 구현을 통하여 국민의 삶의 질을 높이고 국제사회에서 책임을 다하는 성숙한 선진 일류국가로 도약하는 데 이바지함을 목적으로 한다.' 「저탄소 녹색성장 기본법」 제1조(목적)에 밝히고 있는 법 제정 목적이다. 정말 훌륭하다. 그렇다. 법에 나와 있는 것처럼, 핵심 중의 핵심은 녹색기술, Green Technology와 이것의 산업화에 있다. 모든 초점은 여기에 맞춰져야 한다. 대한민국이 녹색기술을 확보하고 이를 산업화하는 데 성공한다면, 이미 시작되었고 앞으로 점점 가속화될 기후변화시대의 새로운 강자로, 새로운 주역으로 자리매김할 수 있을 것이다. 갈 길은 멀고 시간은 많지 않다. 우리가 가장 잘할 수 있는 곳에 우리의 역량을 집중해야 한다. 이미 남들이 실패한 정책을 우리도 하겠다고 버벅거리고 있을 만큼 한가롭지 않다.

기후변화 문제는 우리에게 새로운 도전을 요구한다. 기후변화협약은 지구 온난화라는 환경문제와 각국의 의무와 책임을 다루는 협상의 이슈들로 포장되어 있지만, 궁극적으로는 온실가스를 줄이는 최고기술(Best Available Technology: BAT) 사용을 강제하는 기술협약이다. 새로운 기술규범이다. 이제 녹색기술을 확보하느냐 못 하느냐가 국가의, 기업의, 국민의 앞날을 좌우한다.

에필로그

    2012년 제18차 당사국총회는 안타깝게도 대한민국 서울이 아닌, 카타르 도하 사막 한가운데 덩그러니 지어진 '카타르 국제전시센터'에서 개최되었다. 사방에서 모래바람이 불었고, 시내로 나가려면 30분 정도 버스를 타야 했다. 이런 데서는 다른 생각하지 말고 열심히 일이나 하는 게 정답이다. 당사국총회장에서 필자가 하는 일의 대부분은 사람을 만나는 것이다. 몇 개의 중요한 약속은 사전에 정해놓지만, 보통은 선약 없이 회의장이나 그럴듯해 보이는 부대행사에 참석하다 보면 만나고 싶은 사람은 다 만날 수 있다. 이도 저도 싫으면, 그냥 회의장 내에서 사람들이 가장 붐비는 곳에 위치한 커피숍이나 스낵바를 골라 반나절 정도 앉아 있으면 된다. 카타르 국제전시센터에서는 'maman('어미'라는 뜻을 가진 프랑스어이다)'이라고 불리는 커다란 거미 조각상 뒤쪽에 마련된 커피숍이 모든 사람의 동선이 모이는 곳이었다.

    그동안 자주 보던 반가운 얼굴들이 여기저기 눈에 띈다. 아마 필자보다 당사국총회 참석횟수가 더 많을 글로벌 녹색성장연구소(Global Green Growth Institute: GGGI)의 이박사도 보이고, 대한상의를 통해 단체로 참석한 산업체

도하 당사국총회 당시
만남의 장소 거미 조각상

자료: http://www.thehindu.com/sci-tech/energy-and-environment/contentious-issues-remain-at-doha-meet/article4175482.ece

분들도 보인다. 서울에서보다 당사국총회장에서 만난 횟수가 더 많은 몇몇 NGO 관계자들도 눈에 띈다. 모두 무언가 열심히 이야기하고 있다. 필자 경험에 의하면 이런 국제회의에 오면 한국 사람들은 다 애국자가 된다. 넓은 회의장에서 190여 개국의 명패 뒤에 각국 대표들이 동시통역 장치를 귀에 끼우고 앉아 있는 장면은 묘한 긴장감을 준다. 자칫 대표단이 실수라도 하면 우리한테 큰 문제라도 생길 것 같은 걱정도 들게 된다. 그러니 당사국회의에 처음 참석하면 회의장에서 어떤 이야기들이 오가는지 몹시 궁금할 수밖에 없다. 서로 이런저런 이야기를 많이 하게 되고 왕왕 열띤 토론으로까지 이어진다. 누가 무슨 이야기를 했고 그것이 우리한테는 어떤 영향이 있고 등등. 모두가 대한민국을 걱정한다.

도하회의에서는 침몰하는 교토의정서를 어떻게 부작용 없이 수장시키는가 하는 것이 논의의 핵심이었다. 미국이라는 큰 손님은 예약만 해놓고 타지도 않았고, 선장인 일본을 비롯해서 캐나다, 뉴질랜드 그리고 러시아까지 뛰어내려 버린 교토의정서라는 난파선은 이미 그 수명을 다해가고 있었다.

인도네시아 발리에서부터 5년간 이어져 오던 교토의정서의 연장에 대한 논의는 결국 마지막 해, 마지막 순간까지도 세부사항을 정하지 못하고 있다가 겨우겨우 날치기라는 편법을 동원해 마무리되고 있었다. 벼락치기도 이런 벼락치기가 없었다. 이번에는 교토에서처럼 에스트라다 같은 걸출한 협상가도, 고어 같은 힘 있는 정치가도 눈에 띄지 않았다. '교토 서프라이즈'와 같은 깜짝쇼도 없었다. 오히려 협상을 거듭할수록 협상력보다는 표현력만 느는 것 같았다. 2020년까지 급한 대로 교토의정서를 땜질하듯이 연장한다고 결정해놓고는 이를 '도하게이트웨이'로 명명했다. "더 큰 포부와 더 위대한 행동을 위한 새로운 입구, 즉 도하게이트웨이를 열었다." 도하 당사국총회 의장이 폐회연설에서 한 이야기다. 한 해 전 남아공 더반에서는 '플랫폼'이라 하더니 이번에는 '게이트웨이'란다. 대단한 상상력들이다.

그래도 게이트웨이보다는 플랫폼이 훨씬 더 실속이 있었다. 2011년 더반 당사국총회에서는, 2020년 이후 '모든 당사국에게 적용 가능한' 프로토콜, 법적수단 또는 법적효력을 가지는 합의결과를 2015년까지 만들어내기로 결정하고 이를 더반플랫폼이라 이름 붙였다. 단순히 일정만 정한 것이 아니고 합의물의 성격에 대한 얼개도 포함되어 있었으니 꽤 괜찮은 결과였다. 새로운 출발의 베이스캠프 느낌이 들어가는 플랫폼까지는 아니어도, 어설프지만 새로운 출발을 하는 간이선착장 정도는 되어 보였다.

이 정도만 해도 당초 여러 사람들의 기대치를 훌쩍 넘어서는 것이었다. 애초에 필자가 비행기를 두 번 갈아타면서 20시간 가까운 비행 끝에 더반을 찾아갈 때만 해도 특별할 게 있겠나 하는 부정적인 의견들이 강했다. '뭐, 아프리카에서 열리니까 NGO들의 목소리가 다른 때보다 더 강하겠지' 하는 정도였다. 오히려 그쪽은 치안이 엉망이라는데 어떻게 잘 지내다 올 수 있을까 하는 걱정이 더 많았다. 그러나 치안문제는 더반 시내에 들어서는 순간

표 3.4 더반플랫폼 개요

더반플랫폼	2020년 이후 선진국·개도국의 모든 당사국에게 적용 가능한 포괄적 감축 체제 출범에 합의.
합의형태	이후 협상을 통해 의정서(Protocol), 또 다른 법적문서(another legal instrument), 법적 효력이 있는 합의된 결과물(agreed outcome of legal force) 중 한 형태로 결론을 내기로 힘.
협상일정	2012년 상반기 협상개시, 2015년에 완료, 2020년까지 발효를 목표.
협상기구	별도의 실무그룹인 ADP(Ad Hoc Working Group on the Durban Platform for Enhanced Action) 신설.

쓸데없는 걱정이었다는 것이 증명되었다. 곳곳에 경찰들이 쫙 깔려 있었다. 도둑은커녕 NGO들 데모하기도 어렵겠다는 생각이 들었다. 그럼에도 종종 시위가 눈에 띄었다. 당시 미국 월가의 일부 금융인들의 탐욕을 질타한 'Occupy Wall Street(월스트리트를 점령하라)'라는 구호로 유행을 타고 있던 시위방법을 본뜬 'Occupy Durban(더반을 점령하라)!'이라는 구호가 여기저기 보였다. NGO들의 시위는 코펜하겐 당사국총회 때가 가장 많았던 것으로 기억한다. 코펜하겐 시청 앞에서는 매일 시위가 이어졌었다. 시위 강도 또한 여타 당사국총회보다는 훨씬 강했다.

플랫폼이든 간이선착장이든, 유엔 기후변화협약 사무국의 평가처럼 협상은 새로운 전기를 맞이했고 새로운 동력을 확보했다. 그리고 협상가들의 끝없는 논의는 계속될 것이다. 아마 필자도 기회가 된다면 당사국총회에 참석할 것이고, 언제나 그랬듯 꾸준히 사람들을 만나고 다닐 것이다. 그러나 아무리 길게 회의를 해도 모든 관계자가 만족하는 답은 절대 나올 수 없다. 2015년의 파리에서는 물론이고, 2020년 어딘가에서 벌어질 당사국총회에서도 마찬가지다. 그런 모범답안은 어디에도 없다.

중요한 것은 모두를 만족시키고 모든 것을 한 방에 해결할 수 있는, 있지도 않는 만능 열쇠를 찾는 것이 아니다. 정말 중요한 것은 기후변화 문제를, 기후변화협약의 문제를 대하는 자세와 관점에 있다. 누가 얼마를 줄일 것이냐 하는 '책임과 비난'의 접근 자세로는 문제가 풀리지 않는다. 어떻게 자신들의 위치와 역량에서 각자 최선을 다하고, 최선을 다하게 만들 것인가 하는 '동참과 격려'의 자세를 갖춰야 호흡이 긴 기후변화 문제에 제대로 대응할 수 있다. 해법은 목표target가 아니라 과정process에 있다. 그래야 지속가능하다. 무조건 두 자리 숫자 이상의 온실가스 감축목표를 정하라고 하고, 이를 지키지 못하면 묻지도 따지지도 않고 비난한다면, 어느 누가 적극적으로 나서겠는가? 모두 목표를 정하는 데 움츠러들 수밖에 없다. 우리 모두가 최선을 다하게 만들기 위한 수단으로 목표가 이용되어야지, 목표의 설정이 목표가 되어서는 곤란하다.

그동안 총회장에서 많은 사람들을 만났고 이야기를 나누었다. 재미있게도 사람들마다 기후변화협약이라는 복잡한 문제를 들여다보는 시각에 차이가 있는 것을 발견할 수 있었다. 그중 전형적인 몇 가지 부류가 있다.

우선 가슴이 뜨거운 사람. 지구가 더워지는 것을 걱정하여 밤잠을 설치는 이들이다. 지금보다 다음 세대를 위해 살아가는 이들이기도 하다. 이런 이들은 기후변화 문제를 해결하기 위해 온실가스 발생을 줄이는 데 초점을 맞춘다. 우리가 얼마나 온실가스를 발생시키고 있지? 그러니 언제까지 얼마만큼을 줄여야 하지? 그러기 위해서는 어떻게 해야 할까? 그냥 놔두면 안 되겠지? 맞아, 강제로 줄이게 하는 수밖에는 없어. 이런 식으로 자신의 관점을 다른 이에게 강제한다. 자칫 이분법의 함정에 빠지기 쉽다. 하지만 우리는 종종 그들로부터 열정을 배울 수 있다.

다음으로 입이 매서운 사람. 모든 일은 협상을 어떻게 하느냐에 달려있다고 믿고 있는 이들이다. 우리가 의무를 받게 되면 어떻게 될까 하고 걱정이

태산 같은 이들이기도 하다. 모든 일의 성패는 협상에 달려 있다고 믿고 국익을 최우선시한다. 협상장에서의 수사 하나하나에 신경을 쓰게 된다. 따라서 왕왕 어깨에 힘이 잔뜩 들어가기도 하고 간혹 수단과 방법을 가리지 않는 과감함을 보이기도 한다. 도대체 얼마나 줄일 수 있는 거야? 줄이는 방법은 어떤 것이 좋은 거야? 이 다양한 방법 중에 무엇이 우리한테 제일 유리하지? 돈은 얼마나 들어갈까? 자칫 말의 성찬만 있는 경우가 많다. 수사는 있으나 실천은 없다고 볼 수 있다. 하지만 우리는 종종 그들로부터 우국충정을 배울 수 있다.

간혹 매의 눈을 가진 사람들도 있다. 멀리 길게 보는 이들이다. 기후변화 문제 뒤에 숨어 있는 기술이라는 실체를 보는 이들이다. 녹색기술의 중요성이 갈수록 부각될 것이라는 점을 아는 이들이다. 따라서 다음 세대의 국가 경쟁력 확보를 위하여 여하히 이런 기술들을 확보해갈 것인가를 고민한다. 차세대의 에너지강국은 화석에너지원을 많이 확보하느냐가 아니라 녹색기술을 확보하고 이를 산업화하느냐에 달려 있음을 잘 알고 있는 이들이다. 이 치열한 기술경쟁의 판에서 어떻게 살아남을 것인가? 화석연료가 끝나는 시기는 올 것인가? 온다면 언제쯤? CCS에서, 연료전지에서 우리의 역할은 무엇인가? 도대체 어떤 기술을 선택해서 한정된 우리의 자원을 집중할 것인가? 그러나 너무 멀리 보면 같이 봐주는 사람이 많지 않다는 문제가 있다. 호흡이 너무 길다는 것은 돌아서면 바로 해결책을 내라고 요구하는 한국적 정서에는 그리 잘 어울리지는 않는다는 것을 의미하기도 한다.

기후변화협약에 제대로 대응하기 위해서는, 뜨거운 가슴과 매서운 입과 함께 무엇보다 21세기의 신기루에 감추어진 테크놀로지라는 실체를 꿰뚫어 보는 매의 눈이 있어야 한다.

우리 모두 매의 눈으로 바라볼 수 있기를 기대한다.

주

1) 이와 관련된 주장들은 다음 사이트들을 참고.

Eco Equity, "Rough initial thoughts on the Copenhagen Accord", http://www.ecoequity.org/2009/12/rough-initial-thoughts-on-the-copenhagenaccord/

"지구온난화, 코펜하겐에서 결론내자!", http://eco.or.kr/2216/

2) 이와 관련한 ≪가디언≫ 지 기사는 다음 사이트에서 확인이 가능하다.

≪The Guardian≫. 2010. "Cancún climate change summit: Japan refuses to extend Kyoto protocol", http://www.theguardian.com/environment/2010/dec/01/cancun-climate-change-summit-japan-kyoto

3) NEDO의 크레디트 취득프로그램의 상세한 내용은 다음 사이트를 참고.

Yasuhiro SHIMIZU. 2008. "NEDO's Kyoto Credit Acquisition Program", http://www.rotobo.or.jp/events/forum/presentation/2-4-02Shimizu.pdf

4) 일본정부가 확보한 배출권의 총량은 다음 사이트에서 확인 가능. 다만 이에 소요된 비용은 추정치임.

The Ministry of the Environment & NEDO. 2012. "Kyoto Mechanisms Credit Acquisition Program in FY 2012", http://www.meti.go.jp/english/press/2013/0401_01.html

5) 원자바오 중국총리의 코펜하겐 발언내용은 다음 사이트에서 확인 가능.

≪China View≫. 2009. "Wen: Principle of "common but differentiated responsibilities" must never be compromised", http://news.xinhuanet.com/english/2009-12/18/content_12667590.htm

6) CBDR의 기원에 관해서는 다음 자료를 참고.

A CISDL legal brief. 2002. "The Principle of Common But Differentiated Respon sibilities: Origins and Scope", http://cisdl.org/public/docs/news/brief_common. pdf

7) 국제민간항공기 수 총회결과는 아래 사이트에서 확인 가능.

2013. "ICAO ASSEMBLY — 38TH SESSION, Report of the Executive committee on Agenda Item 17(Climate Change)", http://www.icao.int/Meetings/a38/Documents/WP/wp430_en.pdf

8) CDM이 어떻게 만들어졌는지 그 과정에 대해서는 아래 사이트의 자료를 참고.

James Cameron and Jacob Werksman. 1998.6. "Clean Development Mechanism: The 'Kyoto Surprise'" A Brazil/U.S Aspen Global Forum Working Paper, http://www.ucdenver.edu/academics/colleges/SPA/BuechnerInstitute/Centers/WirthChair/Publications/Documents/The%20Clean%20Development%20Mechanism.pdf

9) Byrd-Hagel Resolution 원문은 다음 사이트 참고.

http://www.nationalcenter.org/KyotoSenate.html

10) 교토의정서에 대한 부시행정부의 공식입장을 확인할 수 있는 관련 뉴스는 다음 사이트에서 확인 가능.

ICIS Chemical Business. 2001. "Bush Administration Says US Has No Interest in Pursuing Kyoto Protocol", http://www.icis.com/resources/news/2001/04/02/136007/bush-administration-says-us-has-no-interest-in-pursuing-kyoto-protocol/

11) ENB. 1997. "HIGHLIGHTS FROM THE MEETINGS OF THE FCCC SUBSIDIARY BODIES 23 OCTOBER 1997", http://www.iisd.ca/download/pdf/enb1260e.pdf

12) 영국의 에너지원의 급격한 변화와 관련된 사항은 다음 사이트에서 확인 가능.

Economics help blog. 2012. "The Decline of the UK Coal Industry", http://www.economicshelp.org/blog/6498/uncategorized/the-decline-of-the-uk-coal-industry/

13) EU 각국의 온실가스 발생현황은 다음 사이트에 상세히 나와 있음.

EU Environment Agent. 2012. "Greenhouse gas emission trends and projections in Europe 2012 — Tracking progress towards Kyoto and 2020 targets", http://www.eea.europa.eu/publications/ghg-trends-and-projections-2012

14) 일본 발표에 대한 비난 내용의 한 사례를 다음에서 볼 수 있음.

"COP 19: Japan deals fresh blow to summit as it slashes emissions targets", http://www.businessgreen.com/bg/news/2307171/cop-19-japan-dealfresh-blow-to-summit-as-is-slashes-emissions-targets

15) Cfact. 2013. "COP 19: Filipino negotiator goes on hunger strike over typhoon", https://www.cfact.org/2013/11/16/cop-19-filipino-negotiator-goes-on-hunger-strike-over-typhoon/

16) Peter Meisen, President Christophe Cote, Research Associate Global Energy Network Institute. 2006. "THE CLEAN DEVELOPMENT MECHANISM: AN OPPORTUNITY FOR DEVELOPING COUNTRIES, A SOURCE OF PROFITS FOR SMART COMPANIES", http://www.geni.org/globalenergy/policy/international/clean-development-mechanism/executive-summary-clean-development-mechanism-2006-03.pdf

17) CDM과 관련된 통계는 UNFCCC의 관련 홈페이지에 자세하게 나와 있음.

http://cdm.unfccc.int/

18) 이런 형식의 CDM을 프로그램CDM이라 일컫는다. 자세한 내용은 다음 사이트 참고.

https://cdm.unfccc.int/public_inputs/ProgrammeOfActivities/index.html

19) 특히 아프리카의 CDM의 문제점에 대하여는 다음 문건을 참고.

Patrick Bond, Khadija Sharife, Ruth Castel Branco (Coord.), 2012.2.,"The CDM in Africa Cannot Deliver the Money", http://cdmscannotdeliver.files.wordpress.com/2012/04/ccs-dartmouth-ejolt-cdms-cannot-deliver-the-money-web.pdf

20) 앞서 19)에서 인용한 문건 참고.

21) ≪워싱턴 포스트≫ 지 관련 기사는 다음 사이트를 참고.

≪Washington Post≫. 2009. "Copenhagen climate deal shows new world order may be led by U.S., China", http://www.washingtonpost.com/wp-dyn/content/article/2009/12/19/AR2009121900687.html

22) EU 의회 보도자료., 2007.10.23.

"Halving greenhouse gas emissions by 2050: Climate Change Committee sets out aims for Bali", http://www.europarl.europa.eu/sides/getDoc.do?type=IM-PRESS&reference-=20071022IPR12053&language=EN

23) 발리에서 미국이 지속적으로 비난의 대상이 되었던 협상 분위기는 다음 사이트 참고.

http://www.asil.org/insights/volume/12/issue/4/bali-climate-change-conference

24) The White House, Office of the Press Secretary. 2009. "Remarks by the President during press availability in Copenhagen", http://www.whitehouse.gov/the-press-office/remarks-president-during-press-availability-copenhagen

25) Bill Curry and Shawn McCarthy. 2011. "Canada formally abandons Kyoto Protocol on climate change" The Globe and Mail.

26) http://carbonmarketwatch.org/wp-content/uploads/2012/11/AAU-bankingbriefing-paper-Point-Carbon.pdf

27) ≪New York Times≫. 2010. "Consensus Emerges On Common Climate Path"

28) Nerlich, Brigitte and Koteyko, Nelya. 2010. "Carbon gold rush and carbon cowboys: a new chapter in green mythology?", http://eprints.nottingham.ac.uk/1243/1/Nerlich__Koteyko_2010corrected.pdf

29) European Commission. 2014. "EU Emissions Trading System (EU ETS)", http://ec.europa.eu/clima/policies/ets/index_en.htm

30) EU ETS 초기 진행상황은 다음 문건을 참고.

Pew Center. "The European Union Emissions Trading Scheme (EU-ETS): Insights and Opportunities", http://www.c2es.org/docUploads/EU-ETS%20White%20Paper.pdf

31) 탄소누출과 관련한 정량적인 분석과 분야별 영향 등에 관해서는 다음 문건을 참고.

Sander de Bruyn. Dagmar Nelissen. 2013.4. "Carbon leakage and the future of the EU ETS market", http://www.cedelft.eu/art/uploads/CE_Delft_7917_Carbon_leakage_future_EU_ETS_market_Final.pdf

32) EU Commission. 2006. "EU Commission Assessment of National Allocation Plans for German, Greece, Ireland, Latvia, Lithuania, Luxembourg, Malta, Slovakia, Sweden and the United Kingdom", http://www.uea.ac.uk/~e680/energy/energy_links/EU-ETS/Phase2/NAPS/EU-Commission_Phase2_NAP_Assessment1. pdf

33) Li Jing. 2013. "Lessons from Shenzhen carbon exchange will help others flourish", http://www.scmp.com/news/china/article/1346221/lessons-shenzhen-carbon-exchange-will-help-others-flourish

34) 다음 사이트에서 시청 가능.

http://carboncrooks.tv/

35) 이 건은 워낙 중요한 관점이라 원문을 그대로 첨부하니 참고.

"The reason for this imbalance is primarily a mismatch between the auction supply of emission allowances, which is fixed in a very rigid manner, and demand for them, which is flexible and impacted by economic cycles, fossil fuel prices as well as other drivers."

36) ≪뉴스데일리≫, 2012.10.20. "이제 늦은 점심을 한술 떠야겠습니다", http://www.newdaily.co.kr/news/article.html?no=126915

37) 주요언론사 보도사례

http://news.naver.com/main/read.nhn?mode=LSD&mid=sec&sid1=104&oid=

001&aid=0001860734

http://economy.hankooki.com/lpage/economy/200801/e20080123181126700
70.html

38) 지속가능성장, 녹색성장, 저탄소 녹색성장의 차이는 다음 문건을 참고.
이연호. 2010. 「저탄소녹색성장론에 나타난 이명박정부의 국가-시장-사회관계」.
≪의정연구≫, 제16권 제2호(통권 제30호).

39) 오성규. 2008. "저탄소 녹색성장인가? 고탄소 회색성장인가?", http://greenjustice.
tistory.com/21

40) 이연호. 2010. 「저탄소녹색성장론에 나타난 이명박정부의 국가-시장-사회관계」.
≪의정연구≫, 제16권 제2호(통권 제30호).

41) Edward B. Barbier, 2009. "Rethinking the Economic Recovery: A Global Green
New Deal", Department of Economics & Finance, University of Wyoming, Lara
mie, WY 82071 USA, http://www.sustainable-innovations.org/GE/UNEP%20%
5B2009%5D%20A%20global%20green%20new%20deal.pdf

42) UNEP. 2009. "One Year On — Many Countries Factoring Environmental Investments
into Economic Stimulus Packages", http://www.unep.org/Documents.Multilingual/
Default.asp?DocumentID=596&ArticleID=6325&l=en&t=long

43) ≪청와대 뉴스≫. 2009. "제18차 유엔기후변화협약 당사국총회 유치 추진", http://
17cwd.pa.go.kr/kr/president/news/news_view.php?uno=846&board_no=P01

44) 녹색연합. 2009. "성명서, COP유치보다 전 지구 기후변화행동을 위한 리더십이
먼저다.", http://www.greenkorea.org/?p=12885

45) 최경진. 2013. 「배출권거래에 관한 민사법적 연구」. ≪가천법학≫, 제6권 제1
호, 53~86쪽.

46) Redd Monitor. 2014. "Global carbon markets have shrunk in value by 60%
since 2011", redd-monitor.org, http://www.redd-monitor.org/2014/01/09/
global-carbon-markets-have-shrunk-in-value-by-60-since-2011/

47) 에너지경제연구원. 2010. "주요국 신재생에너지 정책동향 및 그린에너지산업, 기술개발 전략 분석의 시사점" 연구보고서.

주요 용어 해설

교토메커니즘 Kyoto Mechanism: 교토의정서에 정해진 선진국 온실가스 감축목표 달성을 위해 활용할 수 있는 방법을 총칭하는 용어. 청정개발체제, 공동이행, 국제배출권거래제로 구성되어 있음.

교토의정서 Kyoto Protocol: 1997년 일본 교토에서 개최된 제3차 기후변화협약 당사국총회에서 채택된 의정서. 선진국의 온실가스감축목표와 교토메커니즘이 주 내용.

그린뉴딜 Green New Deal: 2009년의 전 세계적 금융위기를 극복하기 위하여 추진된 신재생에너지 등 녹색분야를 중심으로 한 투자촉진책을 이르는 용어.

글로벌그린뉴딜 Global Green New Deal: 각국이 제각각 추진하는 그린뉴딜정책을 함께 모아 추진할 것을 촉구하면서 UNEP이 시행한 프로그램.

기후부채 Climate Debt: 산업혁명 이래 선진국이 주로 온실가스를 배출하면서 그 피해는 온실가스 배출의 책임이 없는 개도국이 입게 되었으므로 선진국은 개도국에 이에 상응하는 부채가 있다는 의미의 용어.

더반플랫폼 Durban Platform: 2011년 남아공 더반에서 개최된 제17차 기후변화협약 당사국총회에서 채택된 합의문.

도하게이트웨이 Doha Gateway: 2012년 카타르 도하에서 개최된 제18차 기후변화협약 당사국총회에서 채택된 합의문.

마라케시어코드 Marrakech Accord: 2001년 모로코 마라케시에서 개최된 제7차 기후변화협약 당사국총회에서 채택된 합의문. CDM 사업의 상세한 규칙을 정하고 있음.

발리로드맵 Bali Road Map: 2007년 인도네시아 발리에서 개최된 제13차 기후변화협약 당사국총회에서 채택된 합의문.

블랙스완 Black Swan: 극히 발생하기 어려운 통계적 극단값을 이르는 용어.

오프셋 Offset: 할당된 배출권을 대신 차감할 수 있는 크레디트를 통칭.

원단위: 단위 생산물은 만드는 데 필요로 하는 투입요소의 양.

추가성 Additionality: CDM 사업의 평가 기준이 되는 개념으로 법적·환경적·기술적·경제적 추가성이 있음.

코펜하겐어코드 Copenhagen Accord: 2009년 덴마크 코펜하겐에서 개최된 제15차 기후변화협약 당사국총회의 합의문.

퀀텀리프 Quantum Leap: 변화를 위한 폭발적인 도약을 의미하는 용어.

탄소누출 Carbon Leakage: 온실가스 배출 규제가 강한 지역에서 상대적으로 규제가 약한 지역으로 온실가스의 배출이 이전되는 현상을 설명하는 용어.

핫에어 Hot Air: 특별한 추가적 노력 없이 얻은 온실가스감축실적.

주요 약어 정리

ADP Ad Hoc Working Group on the Durban Platform for Enhanced Action: 더반플랫폼 특별작업그룹

AGBM Ad Hoc Group on Berlin Mandate: 베를린 의무사항에 대한 특별작업그룹

BAT Best Available Technology: 적용 가능한 최고기술

BAU Business As Usual: 정상 수요

CBDR Common But Differentiated Responsibilities: 공동의, 그러나 차별화된 책임

CCS Carbon Capture and Storage: 탄소 포집저장 기술

CDM Clean Development Mechanism: 온실가스를 줄이기 위한 선진국-개도국 간의 협력사업

CER Certified Emission Reduction: CDM 사업에서 발생된 온실가스 감축실적

CPM Carbon Price Mechanism: 탄소가격 메커니즘

EU Bubble: 교토의정서상의 선진국 온실가스 감축목표 중 EU 15개국의 목표를 공동으로 관리하고 평가하는 제도

EUA EU Allowance: 정부로부터 할당받은 배출권

GCF Green Climat Fund: 녹색기후기금

ICAO International Civil Aviation Organization: 국제 민간항공기구

IPCC Intergovernmental Panel on Climate Change: 기후변화에 관한 정부 간 패널

IET International Emission Trade: 국제 배출권거래제

JI Joint Implementation: 공동이행사업

LMDCs Like-Minded Developing Countries on Climate Change: 기후변화에 의견을 함

께하는 개도국들

MBMs Market-based Measures: 시장 기능에 근거한 대응수단

MSR Market Stability Reserve: 배출권거래시장 안정화 비축계획

NAMA Nationally Appropriate Mitigation Action: 국가적으로 적합한 감축행동

NDRC National Development and Reform Commission: 중국 국가발전 개혁위원회

NEDO New Energy Development Organization: 일본 신에너지 개발기구

QELROs Quantified Emission Limitation and Reduction Objectives: 계량화된 온실가스
배출 감축목표

RGGI Regional Greenhouse Gas Initiative: 미국 동부지역의 발전소들을 대상으로 한
배출권거래제

UNEP United Nation Environment Program: 유엔환경기구

UNFCCC United Nation Framework Convention on Climate Change: 기후변화협약

VA Voluntary Agreement: 자발적 협약

지은이 후기

이 책을 통해서 지금 복잡하게 전개되고 있는 기후변화협약과 관련된 다양한 이슈들을 어떻게 하면 단순화시킬 수 있는지, 그 이면에 감춰진 의미를 어떻게 해석하는 것이 옳은지 함께 고민하고 싶었다. 그리고 요즘 온실가스를 줄이는 정책 중 가장 많이 이야기되는 배출권거래제의 정체가 도대체 무엇인지도 살펴보고자 했다. 무엇보다도 이런 이야기를 통해 '지구가 더워지는 것을 제대로 걱정하는 자세'에 대해 다시 한 번 깊이 생각해보는 계기가 마련되었으면 한다.

이 책에서 대한민국의 배출권거래제에 대한 구체적인 이야기를 할 것인지 많이 고민했다. 이야기하다 보면 누군가가 잘못하고 있다고 지적하지 않을 수 없다. 그분들에 대한 예의가 아닐 수도 있고 자칫 논점이 흐려져버릴지도 모르기 때문이다. 그러나 모른 척하고 넘어가기에는 지금 대한민국에서 시행하려 하는 배출권거래제에는 너무 문제가 많다. 이번 기회에 이를 다시 돌아보고 현실적이면서 좋은 대안이 마련되기를 기대해본다.

에너지 수요관리 분야에서 30년 이상을, 그중 기후변화와 관련된 일을 하며 20년 가까이 보내면서 많은 전문가들을 만났다. 대게 전문가들은 차가운

머리를 가지고 있다. 그분들은 냉철하다. 무엇이 가장 합리적이고 유리한지 날카롭게 살필 줄 안다. 그러나 보통 그런 분들의 가슴에는 온기가 부족하다. 간혹 가슴이 뜨거운 분들도 만날 수 있었다. 불행히도 그건 그렇게 자주 있는 일은 아니었다. 그분들의 뜨거운 가슴에 잠시 동안이었지만, 나도 덩달아 열기를 느끼곤 했다. 그러나 내가 보기에 가장 열심히 지구가 더워지는 것을 걱정하는 이분들은, 너무 뜨거운 그 열기 때문에 늘 논의의 중심에서 소외되었다.

세월이 지날수록 나는 뜨거운 가슴을 가질 수 있는 사람들이 부럽다. 이미 가슴이 뜨겁기에는 너무 많은 시간을 흘려보냈다고 스스로를 위로한다. 이제는 뜨거운 것까지는 아니더라도 최소한 따뜻하기라도 했으면 하는 바람이다. 솔직히 얘기해서, 문득문득 내가 정말 지구가 더워지는 것을 걱정하기는 하는 걸까라는 생각이 들 때가 있다. 아마 약간의 따뜻함조차도 나와는 어울리지 않는 모양이다. 이 책은 이런 나에 대한 반성문이자 자술서다. 그리고 그동안 만났던 정말 따뜻한 가슴을 지닌 존경하는 몇몇 분들에 대한 헌사이기도 하다.

나의 모자람을 채워주는 아내에게 고마움을 전한다.

지은이 | 노종환

기술고시를 통과해 1982년 동력자원부 대체에너지과 사무관으로 에너지 분야에 처음 발을 들였다. 그리고 1997년 에너지관리공단 정책실장으로 일본 교토에서 열린 제3차 기후변화협약 당사국총회에 참석하면서 기후변화 문제와 연을 맺는다. 이후 기후변화대책 단장으로서 본격적으로 기후변화 문제를 다루게 된다.

처음 기후변화 문제에 뛰어들었을 때는 공공부문에서 대한민국의 기후변화 대응 정책을 주도적으로 이끌었다. 1990년대 말과 2000년대의 에너지분야 기후변화대책 대부분을 지은이와 그와 함께한 전문가 그룹이 만들었다.

이후 2008년 배출권거래를 전문으로 다루는 '한국탄소금융 주식회사'를 설립하고 대표이사를 맡으면서, 기후변화 문제의 최첨단인 유럽 탄소시장 한가운데서 '21세기의 봉이 김선달' 노릇도 톡톡히 한다.

이러한 경력 때문에 그는, 한국의 기후변화 전문가 그룹의 제1세대이면서 지금까지도 이 문제에 관여하는, 정책과 실무를 동시에 꿰뚫는 거의 유일한 인물이다.

교토당사국총회 참석 후, "CDM은 절대 제대로 돌아갈 수 있는 프로그램이 아니야. 아님 내 손에 장을 지진다"고 동료들에게 호언했다. 한동안은 이 말 때문에 지인들로부터 적잖이 야유를 받았다. 그러나 현재 CDM은 빈사지경에서 헤매고 있다. 지금도 그는 말한다. "배출권거래제, 이건 지속가능한 정책이 아니야!"라고.

현재 일신회계법인 탄소자산연구소에서 부회장직을 맡고 있다.

한울아카데미 1710

기후변화협약에 관한 불편한 이야기
가라앉는 교토의정서, 휴지가 된 탄소배출권

ⓒ 노종환, 2014

지은이 | 노종환
펴낸이 | 김종수
펴낸곳 | 도서출판 한울
편집책임 | 이교혜
편 집 | 하명성

초판 1쇄 발행 | 2014년 7월 30일
초판 2쇄 발행 | 2014년 8월 27일

주소 | 413-756 경기도 파주시 광인사길 153 한울시소빌딩 3층
전화 | 031-955-0655
팩스 | 031-955-0656
홈페이지 | www.hanulbooks.co.kr
등록번호 | 제406-2003-000051호

Printed in Korea.
ISBN 978-89-460-5710-4 03530

* 책값은 겉표지에 표시되어 있습니다.